环境科学

本书编写组◎编

HUANJING
KEXUE

U0727766

为了使青少年更多地了解自然热爱科学我们精心编写了这本书这是一本科学性和趣味性并存的著作，希望青少年朋友能在轻松的阅读中了解变幻莫测的大千世界，了解人类与自然相互依存的历史。只有这样，我们才能更理智地展望未来。

世界图书出版公司
广州·北京·上海·西安

图书在版编目（CIP）数据

环境科学/《环境科学》编写组编 . —广州：广东世界
图书出版公司，2009. 11 （2024.2 重印）
ISBN 978－7－5100－1216－7

Ⅰ. 环… Ⅱ. 环… Ⅲ. 环境科学－青少年读物 Ⅳ. X－49

中国版本图书馆 CIP 数据核字（2009）第 204856 号

书　　　名	环境科学
	HUAN JING KE XUE
编　　　者	《环境科学》编写组
责任编辑	张梦婕
装帧设计	三棵树设计工作组
出版发行	世界图书出版有限公司　世界图书出版广东有限公司
地　　　址	广州市海珠区新港西路大江冲 25 号
邮　　　编	510300
电　　　话	020-84452179
网　　　址	http://www.gdst.com.cn
邮　　　箱	wpc_gdst@163.com
经　　　销	新华书店
印　　　刷	唐山富达印务有限公司
开　　　本	787mm×1092mm　1/16
印　　　张	13
字　　　数	160 千字
版　　　次	2009 年 11 月第 1 版　2024 年 2 月第 10 次印刷
国际书号	ISBN　978-7-5100-1216-7
定　　　价	49.80 元

前　言

　　自人类诞生之日起，就同自然环境有着密切的关系。随着生产力的发展，人类改造自然的能力也在不断提高。但是，千百年来的经验告诉我们，人类只有同自然和谐相处，科学合理地利用开发自然资源，保护自然环境，人类才能更好地发展，更好地生活。

　　曾经有一段时期，我国重视经济的发展，而对环境保护有所忽视，各种环境问题和环境污染事件层出，带来了巨大危害和损失，教训是惨痛的，警示是深刻的。

　　环境的好坏直接关系着人类的生存和灭亡。保护自然和保护环境不被污染，已是迫在眉睫的严重问题。

　　不错，中国是一个发展中国家，目前正面临着发展经济和保护环境的双重任务。但是，环境保护是不能忽视的，是实现经济、社会与环境可持续发展的一个重要组成部分，是关系经济发展、社会稳定的全局大事。从国情出发，中国在全面推进现代化建设的过程中，把环境保护作为一项基本国策，把实现可持续发展作为一个重大战略来推进，才是我们的正确选择。我们应该知道解决环境问题的关键就是保护环境，而保护环境就是保护我们自己的家园。

　　环境保护与环境科学问题是包括中国在内的世界各个国家最为关注的问题之一，已经成为世界性话题。我们生活的地球正面临着生态危机、能源危机，气候变化异常，自然资源日益匮乏，物种灭绝等危机。作为居住在地球上的每一位公民，都要树立环境保护意识，珍惜、热爱大自然，保护我们赖以生存的环境，每个人都要从现在做起，从自身做起，肩负起保护环境的责任。

作为新时期的青少年，要树立环保意识，掌握相关的环境科学知识。本书正是一本关于环境问题和环境科学、环境保护的科普读物，内容主要有：环境科学基础知识，大气污染与控制，水体污染与污染物，食物污染与人体健康，触目惊心的环境污染事件，地质气象灾害与环境问题等。

希望本书对普及环境知识，促进人们关注环境问题和增强环保意识，促进人类与环境更和谐地发展有所帮助。

本书在编写过程中，得到了广大专家、老师的帮助和指导，我们在这里表示衷心地感谢。另外，环境科学是不断发展的，书中或有不当之处，欢迎广大读者批评指正。

编　者

环
境
科
学

目　　录

第一章　环境科学基础知识

第二章　大气污染与控制

第三章　水体污染与污染物

第四章　食物污染与人体健康

第五章　触目惊心的环境污染事件

第六章　地质气象灾害与环境问题

目录

附录　放射性污染及防治

环
境
科
学

第一章　环境科学基础知识

环境

　　人类进行生产和生活活动的场所称为环境，它是人类生存和发展的物质基础。它相对于某一中心事物而言，它随中心事物的不同而变化，随中心事物的变化而变化。对环境科学来说，中心事物是人，环境则指人类的生存环境。它可概括为："作用在'人'这一中心客体上的、一切外界事物与力量的总和。"由此，人类的生存环境大致可分为社会环境和自然环境两种。人们生活的社会经济制度和上层建筑的环境条件称为社会环境，如：构成社会的经济基础及其相应的政治、法律、宗教、艺术、哲学的观点和机构等，以及城市的建设。它是人类在物质资料生产过程中，共同进行生产而结合起来的生产关系的总和。我们所说的每一个人都不能离开社会而单独地生活，指人是社会的人，人类生活在社会环境之中。

　　《中华人民共和国环境保护法》指出："本法所说的环境，是指对人类生存和发展有影响的各种天然的和经过人工改造的自然因素的总体，包括大气、水、海洋、土地、矿藏、森林、草原、野生动物、自然遗迹、人文遗迹、自然保护区、风景名胜区、城市和乡村等。"法中的环境主要指自然环境。它是人们赖以生存和发展的必要物质条件，是人类周围各种自然因素的总和，统称为客观物质世界或自然界。人类文明的进步使人类对自然环境的依存关系及人类对自然环境的理解有很大不同。远古时代人类指的自然环境都比较狭窄，当代人们所理解的自然环境则非常广泛，它是一个由近及远和由小到大的有层次的

系统。

1. 生存环境

生存环境包括人类赖以生存的空气、水、土壤、阳光和食物等各种基本的环境要素，离开了它一切生物都不能生存。这是人类文明初期所了解和利用的自然环境。

2. 地理环境

地理环境位于地球表层，处于岩石圈、水圈、大气圈、土壤圈、生物圈等相互作用、相互渗透、相互制约、相互转化的交错带上。从岩石圈的表层，到大气圈下部的对流层顶，厚度为 10～20 千米，包括全部土壤圈，它的范围与水圈和生物圈大致相当，这里是来自地球内部的内能和主要来自太阳辐射的外能的交锋地带。这里含有适合人类生存的物理、化学和生物条件，构成了人类活动的场所。它是现代文明所知道的自然环境，

环境与人们的生活息息相关

同时也是环境科学和地理科学研究的对象。

3. 地质环境

自地表而下的坚硬地壳层统称为地质环境，即岩石圈。地理环境是以地质环境为基础，在宇宙因素的影响下发生和发展起来的。地理环境和地质环境，同宇宙环境之间经常进行着物质和能量交换。岩石在太阳能作用下的风化过程，将被固结的物质释放出来，参加到地理环境、地质循环以至宇宙物质的大循环中去。

地理环境给我们提供了丰富的生活资料、可再生的资源，地质环境给我们提供了丰富的生产资料、大量的矿产资源。这是难以再生的资源，它对人类社会的影响，会随着生产的发展越来越大。地质学和地球物理学是地质环境的研究对象。

4. 星际环境

星际环境，指地球以外的宇宙空间，与地理环境之间有着物质、能量和信息的交流。天文学是它主要的研究对象。

人类的生存环境经历了一个漫长的发展过程，它不是从来就有的。在地球的原始地理环境刚刚形成的时候，地球上没有生物与人类，只有原子、分子的化学及物理运动。大约在 35 亿年前，因为太阳紫外线的辐射以及来自地球内部的内能和来自太阳的

利用太阳能的建筑

外能的共同作用，地球水域中溶解的无机物转变成有机物，继而形成有机大分子，生命现象开始出现。大约在 30 多亿年前出现了原核生物，度过漫长的无生物的化学进化阶段以后，它开始进入生物进化阶段，渐渐形成了生物与其生存环境的对立统一的辩证关系。最初生物一直生存在水里，直到绿色植物出现。绿色植物依靠叶绿体利用太阳能对水进行光解，释放出氧气。在 2 亿～4 亿年前，大气中氧的浓度与现代的浓度水平接近，并在平流层形成臭氧层。绿色植物（自养型生物）的发展和繁茂，以及臭氧层对地球的生物进化，有非常重要的意义。臭氧层吸收太阳的紫外线辐射，成为地球上生物的保护层。距今 2 亿多年前，爬行动物开始出现，随后又经历了很长的时间，哺乳动物开始出现，并与森林、草原的繁茂一起给古人类的诞生制造了条件。

古人类在距今 200 万～300 万年前出现。人类的诞生让地表环境的发展进入了一个高级的、在人类的参与和干预下发展的新阶段——人类和其生存环境辩证发展的阶段。人类是物质运动的产物，是地球的地表环境发展到一定阶段的产物，环境是人类生存和发展的物质基础，所以人类和其生存环境是统一的；

人与动物的本质不同，人通过自身的行为使自然界为自己提供服务，并支配自然界。但是正如恩格斯在《自然辩证法》中所说："我们不能过分沉浸在我们对自然界的胜利中。对于每一次这样的胜利，自然界都对我们进行了报复。每一次胜利，刚开始都取得了我们预期的结果，但是在接下来却有了完全相反的、出乎意料的影响，常常把第一个结果又掩盖掉了。"人类与其生存环境有着对立的一面。人类与环境这种既对立又统一的辩证关系，出现在整个"人类环境"系统的发展过程中。人类通过自己的劳动来利用和改造环境，使自然环境转变为新的生存环境，而新的生存环境对人类进行反作用。在这一反复曲折的过程中，人类在改造客观世界的同时，也改造着自己。这表明，人类由于伟大的劳动，摆脱了生物规律的一般制约，进入了社会发展阶段，给自然界打上了人类活动的印迹，同时在地表环境又形成了一个新的智能圈或技术圈。我们今天赖以生存的环境，就是这样从简单到复杂、从低级到高级发展而来的。它既不是单纯地由自然因素构成，也不是单纯由社会因素构成，而是对自然背景，经过人工改造、加工来形成的。它是自然因素与社会因素的交互作用，影响着人类的生存和发展，关系着人类的

人们认为陆地上的动物起源于海洋

生产和生活，同时体现着人类利用自然和发展自然的性质和水平。

人和环境之间的矛盾随着环境问题的日益突出，也越来越显著，这迫使人们去研究和解决环境问题，于是产生了环境科学。它从 20 世纪 60 年代开始酝酿，到 20 世纪 70 年代初期开始从零星的、不系统的环境保护和研究工作汇集成一门独立的、内容丰富的、领域广泛的新兴学科。特别是近一二十年，环境科学的发展非常迅速，各种自然科学、工程技术、社会科学都

向它渗透并赋予了新的内容。如果说 20 世纪 50 年代和 60 年代是原子能和激光、宇航的时代，那么，20 世纪 70 年代就进入了环境科学和电子计算机的时代。

环境科学的内容和任务

环境科学这门科学以"人类与环境"这对矛盾为对象，研究其对立统一关系的发生与发展、调节与控制、利用与改造。它的任务是揭示人类与环境这对矛盾的实质，研究人类与环境之间的辩证关系，掌握其发展规律，调控二者之间物质、能量以及信息的交换过程，寻求解决矛盾的途径和方法，来获得人类——环境系统的协调和持续发展。因此，环境科学的主要任务包括：

1. 了解人类与环境的发展规律

研究环境科学的前提是了解人类与环境的发展规律。在环境科学没有诞生的时候，有关的科学部门早已为它积累了丰富的资料，例如：人类学、人口学、地质学、地理学、气候学等。环境科学首先要从这些相关学科中吸取营养，从而了解人类与环境的发展规律。

2. 研究人类与环境的关系

环境科学研究的核心是研究人类与环境的关系。在人类与环境的矛盾中，人类作为矛盾的主体，一边从环境中获取其生产与生活所必需的物质与能量，一边又把生产与生活中所产生的废弃物排放到环境之中，这就必然会存在资源消耗与环境污染的问题。而环境作为矛盾的客体，一直被动地承受人类对资源的开采与废弃物的污染，但当某承受力超过其限度时，所谓的环境容量就会爆发。这个容量就是对人类发展有着制约，一旦超过就会造成环境的退化和破坏，给人类带来意想不到的灾难。

3. 探索人类活动强烈影响下环境的全球性变化

对人类活动强烈影响下环境的全球性变化进行研究是环境科学的长远目标。环境是由多要素组成的复杂系统，包含有许

多正、负反馈机制。人类活动造成的一些暂时性与局部性的影响，往往会通过这些已知的和未知的反馈机制积累、放大或抵消，其中一部分必然转化为长期的和全球性的影响。因此，关于全球变化的研究已成为环境科学的热点之一。

4. 开发环境污染防治技术与制订环境管理法规

人类与自然环境和谐相处

环境科学的应用方面包括开发环境污染防治技术与制订环境管理法规，西方发达国家在这方面已取得一些成功的经验。从 20 世纪 50 年代对污染源治理，到 60 年代转向区域性污染综合治理，70 年代则强调了要以预防为主，加强了区域规划与合理布局。同时，还制订了一系列有关环境管理的法规，利用法律手段推行环境污染防治的措施。目前，我国在这两方面都取得了很大的成就，但是要达到控制污染、改善环境的目标，还必须要进行更多的努力。

环境科学的具体内容，归纳起来包括以下几个部分：

（1）人类和环境的关系；

（2）污染物在自然环境中的迁移、转化、循环以及积累的过程和规律；

（3）环境污染的危害；

（4）环境状况的调查、评价和预测；

（5）环境污染的控制与防治；

（6）自然资源的保护与合理使用；

（7）环境监测、分析技术以及预报；

（8）环境区域规划和环境规划。

环境科学的分科

环境科学是一门还处在蓬勃发展之中的新兴的学科，对环境科学的分科体系至今为止仍然没有一致的看法。但如上文所述，因为环境问题的重要性与综合性，许多自然科学、社会科学和工程科学部门都开始积极参与环境科学的研究，产生了许多相互渗透交叉的分支学科。其中属于自然科学方面的有环境学、环境生物学、环境化学、环境物理学和环境医学等；属于社会科学方面的有环境法学、环境经济学和环境管理学等；属于工程科学方面的有环境工程学等。同时，其中很多学科又发展出了一些二级分支学科。

1. 环境地学

对人/地系统的发生、发展、组成、结构、运行、演化、调控与改造等进行研究的分支学科为环境地学。较成熟的二级分支学科包括环境地质学、环境地球化学、环境地理学、环境海洋学、环境土壤学、污染气象学等。

2. 环境生物学

对生物与受人类干预的环境之间相互作用的机理和规律进行研究的分支学科为环境生物学。它以生态系统为研究对象，在宏观上研究污染物在生态系统中的迁移、转化和归宿，以及其对生态系统结构和功能的影响；在微观上研究污染物对生物的毒理作用和遗传变异影响的机理。污染生态学和自然保护是环境生物学中两个主要研究领域：前者研究生物与受污染环境之间相互作用的机理和规律；后者研究自然环境与自然资源的保护、增殖（可更新资源）和合理利用进行研究。

3. 环境化学

环境化学是对化学污染物在环境中的含量进行测量与鉴定，研究其存在形态和迁移、转化规律，以及污染物无害化处理与回收利用的机理等的分支学科。环境分析化学和环境污染化学等都属于它的二级分支学科。

4. 环境物理学

环境物理学专门研究声、光、热、电磁场和射线等物理环境对人类的影响，以及如何消除其不良影响的技术途径与措施。它包括环境声学、环境光学、环境热学、环境电磁学、环境空气动力学等二级分支学科。

5. 环境医学

环境医学专门研究污染环境对人群健康的有害影响以及预防措施，包括探索污染物在人体内的动态和作用机理，查明环境致病因素和致病的条件，讲明污染物对健康损害的早期反应以及潜在的远期效应等，给制定环境卫生标准和预防措施提供科学依据。它的分支学科包括环境流行病学、环境毒理学、环境医学监测等。

6. 环境法学

环境法学是对保护自然资源和防治环境污染的立法体系、法律制度和法律措施等进行研究的分枝学科。

7. 环境经济学

环境经济学是对经济发展和环境保护之间的相互关系进行研究，探索合理调节经济活动与环境之间物质交换的基本规律，让经济活动产生最多经济效益与环境效益的分支学科。

8. 环境管理学

环境管理学对采用行政、法律、经济、教育和科学技术等各种手段调整社会经济发展同环境保护之间的关系进行研究，处理国民经济各部门、各社会集团和个人有关环境问题之间的关系，在全面规划和合理利用自然资源中，使环境和经济发展得到保护的分支学科。

9. 环境工程学

环境工程学是运用工程技术的原理和方法，防治环境污染，合理对自然

工业有毒废水

资源进行利用，保护和改善环境质量，除研究具体污染物（如：废气、废水、噪音）与污染对象（如：水、土和空气）的防治技术外，还对环境污染综合防治技术和进行技术发展的环境影响评价等进行研究的分支学科。

环境问题的分类

环境问题指由自然因素或人为因素引起的破坏生态平衡，给人类生存和发展带来直接或间接影响的各种情况。由自然因素引起的自然灾害包括：地震、海啸、洪水、风暴、旱灾等灾害。经研究表明，目前，一些"自然灾害"往往因为人为因素的加入而增强。例如：人们大量砍伐森林、破坏植被而增加了土壤的沙漠化、水土流失和水灾的强度；又如：大型水库的修建，起到了防洪、灌溉、给水、发电、养殖和旅游娱乐等积极作用，但一些水库也出现许多无法避免的弊病，触发地震就是其中一项。美国、日本、加拿大、法国、瑞士、前苏联、印度、巴基斯坦和我国，都曾因水库充水而触发地震。

人为因素造成的环境问题大致可分为两类：第一类是因工农业生产和人类生活向环境排放过量污染物质或由于物理因素，如：噪声、热、光、放射性等造成的环境污染；第二类是由于人们不合理地开发、利用资源，破坏自然生态平衡而产生的生态效应。

环境问题的产生和发展

人类在诞生以后很长的时间里，仅仅只是自然食物的采集者和捕食者，人类对环境的影响和动物差别不大。人类大多是利用环境，而很少下意识地去改造环境。如果说那时也有"环境问题"产生的话，主要是由于人口的自然增长和像动物那样的滥用资源，进而导致生活资料缺乏引起的饥荒。为解决这一问题，人类学会了吃一切可以吃的东西，学会适应在新的环境中生活，开始有意识地改造环境。

人类改造环境的意识在进入农业和畜牧业社会后增强，同时也引发了环境问题。如：大量砍伐森林、破坏草原，引起水土流失、水灾、旱灾的大量发生。又如：兴修大规模的水利事业的同时，土壤的盐碱化和沼泽化加剧。

　　18世纪后半期，蒸汽机时代来临，采矿、冶金、机械、纺织、化工工业的发展，以及煤的大量燃烧，对大气环境造成严重的污染，如：英国伦敦1873—1892年间曾发生过多次煤烟污染事件，死亡人数上千。此时的环境污染还仅仅只是局部的、暂时的，造成的危害也比较有限，因而环境问题还未引起人们足够的重视。

　　19世纪30年代以来，科学技术的突飞猛进，使各种工矿企业及能源开发等都得到了很大发展。燃煤造成的污染加重的同时，内燃机的发明和使用、石油的开发和炼制、有机化学工业的发展，也给环境带来了严重的污染，那

环境污染对动物产生的影响

时出现的"八大公害"事件举世闻名。特别是20世纪50年代以来，不但工业"三废"排放量大，而且有许多新的污染源和污染物出现，原来没被污染波及的领域也不能幸免。例如：巨型油轮、海上钻井等的出现，使海洋污染日趋严重；航空和航天技术的发展，使高空大气层也遭受污染，甚至山巅与极地也受到不同程度的影响。可以说，现在在地球上很难找到一块未被污染的"洁净绿洲"。环境污染问题已成为全球性的问题。

全球性的环境问题

　　人类面临的一大问题是全球环境退化，它是在现代科学技

术和生产力发展的条件下产生的。人们用牺牲环境和浪费资源的方式谋求经济增长，使全球环境都恶化，生态平衡遭到严重破坏，人类生存的形势受到环境危机的威胁，环境危机对人类提出了严峻的挑战的同时，也使人类在环境问题上开始觉醒，保护和改善环境已成为人类面临的紧迫的任务。1972 年，第一次世界人类环境会议发表了《人类环境宣言》，人类开始走上了环境保护之路。二十多年来，尽管环境科学研究和环境保护工作取得了重要成就，但环境危机，特别是全球性的环境问题仍然趋向恶化。目前，全球范围存在着如下重大的环境问题：

一、全球气候变暖

1989 年 6 月 5 日是"世界环境日"，"警惕，全球变暖"是这一天的主题，而联合国环境规划署所确定的 1991 年"世界环境日"的主题是"气候变化——需要全球合作"。1992 年的联合国环境与发展大会上，许多国家签署了《气候变化框架公约》。气候变化已经成为限制人类生存和发展的重要因素，成为全球不得不重视的问题。

近地面大气中水蒸气与二氧化碳（CO_2）的增加，加大了对地面长波辐射的吸收，使地面与大气之间产生了一个绝热层，使近地面的热量能够保持，造成了全球气温升高的现象——温室效应。能导致温室效应的气体叫做温室气体。温室效应分为"自然温室效应"（由于自然因素导致的）和"人为温室效应"（由于大量使用化石燃料，工业高度发展，砍伐森林等原因，破坏自然热平衡而引起的气候变暖）。人们常说的"温室效应"指后者，又称"地球变暖"。

在 1990 年气候变化第一次评估报告中联合国组织的政府间气候变化专业委员会 IPCC 指出，过去 100 多年中，全球平均地面温度上升了 0.312～0.61℃。英国对全球 2000 多个陆地观测站的大约 1.0×10^8 个数据以及 6.0×10^7 个海洋观测数据的分析结果表明，1981～1990 年全球平均气温比 1861～1880 年上升了 0.48℃。100 年来地球上的冰川大多数有后退现象，海平面上升了 14～25 厘米。据预测，21 世纪中叶，全球人口将达到 9.0×

10^9）左右，大气中CO_2的体积分数将超过5.6×10^4，地球温度会以每10年增长$0.3℃$的速度上升，全球平均海平面每10年会升高6厘米。有的学者提出，如果海平面上升1米，尼罗河三角洲则可能全部淹没，我国的上海、意大

热带雨林

利的威尼斯、泰国的曼谷、美国的纽约等海滨城市以及地势低注的孟加拉、荷兰等国将会遇到大灾害。

经研究发现，大气中能产生温室效应的气体大约有30多种，其中CO_2对产生温室效应的数量最大，约为66％，甲烷（CH_4）为16％，氯氟烃（CFCs）为12％，一氧化二氮（N_2O）为6％，所以造成全球变暖的主要因素是CO_2的增加。

威尼斯

全球气候变暖的主要原因：

1. 土地被侵蚀、沙化等破坏因素。

2. 森林资源剧减因素

在世界范围内，因为受自然或人为的因素而使森林面积大幅度地锐减。

3. 水污染因素

全球环境监测系统水质监测项目表明，全球大约有10％的监测河水被污染，20世纪以来，人类的用水量正在大幅度地增加，同时水污染规模却在不断地扩大，这就产生了新鲜淡水的

供与需的一对矛盾。由此可见，水污染的处理是非常迫切和重要的事情。

4. 有毒废料污染因素

不断增长的有毒化学品对人类的生存构成严重的威胁的同时，对地球表面的生态环境也带来严重危害。

5. 人口剧增因素

近年来人口的剧烈增长，也严重地威胁了自然生态环境间的平衡。这样多的人口，每年自身排放的二氧化碳是一个惊人的数字，这导致大气中二氧化碳的含量不断地增加，这样形成的二氧化碳"温室效应"严重影响着地球表面气候变化。

6. 大气环境污染因素

目前，环境污染的日趋严重已成为全球性重大问题，同时也是导致全球变暖的主要因素之一。现在，关于全球气候变化的研究表明自 20 世纪末起地球表面的温度就开始持续上升。

7. 海洋生态环境恶化因素

目前，海平面呈不断上升的趋势，有关专家预测，到 21 世纪中叶，海平面将会升高 50 厘米。如不采取措施，将直接引发淡水资源的破坏和污染等不良后果。另外，陆地活动场所产生的大量有毒性化

海水污染

学废料和固体废物等不断地排入海洋；发生在海水中的重大漏油事件等以及由人类活动而引发的沿海地区生态环境的破坏等都是破坏海水生态环境的主要因素。

8. 酸雨危害因素

酸雨给生态环境所带来的影响越来越被全世界关注。酸雨可以对森林、湖泊、生物等进行毁坏。目前，世界上酸雨多集中在欧洲和北美洲，多数酸雨发生在发达国家，少数发生在发

展中国家，酸雨发生和发展的速度也很快。

9. 物种灭绝因素

地球上的生物是人类一项宝贵的资源，生物的多样性给人类的生存和发展提供基础。但是目前地球上的生物物种正在以很快的速度消失。

二、资源短缺

这里所指的资源由能源、矿藏、森林、草原、耕地、生物资源、水资源等组成，不包括作为劳动力资源的人。

第一次工业革命以来，人类对自然资源大规模、高强度地开发、利用，带来了经济空前的繁荣。但是，事物终于走向了自己的反面。进入 20 世纪以来，人口剧增和经济发展的压力，正在超过我们生存的资源基础的极限。工业化对自然资源无节制的过度消耗，到 20 世纪 70 年代已成为遍及地球每个角落、每个国家的问题。资源作为全球问题的存在不是孤立的，它总是与人口、环境、经济、社会等问题密切地联系在一起，同时构成当代全球问题的基础。自然资源大量耗减，越来越多的物种濒临灭绝，水土流失加剧，淡水资源不足，森林锐减，气候变化异常，各类灾害发生频繁。资源的争夺对于一些国家来说是无法避免的，解决国家与国家之间的资源分配也是一件很麻烦的事情，这是一个影响未来世界是否安定的重要因素。

矿产资源经过地质成矿作用，使埋藏于地下或出露于地表、同时具有开发利用价值的矿物或有用元素的含量达到具有工业利用价值的程度。矿产资源是重要的自然资源，是社会生产发展的物质基础，对现代社会人们的生产和生活都很重要。矿产资源属于可再生资源，其储量很有限。目前世界已知的矿产有1600 多种，其中 80 多种应用较广泛。

根据矿产资源的特点和用途，可分为金属矿产、非金属矿产和能源矿产三大类。

矿产资源是发展采掘工业的物质基础。矿产资源的品种、分布、储量决定着采矿工业可能发展的部门、地区及规模；其质量、开采条件及地理位置对矿产资源的利用价值有直接影响，

采矿工业的建设投资、劳动生产率、生产成本及工艺路线等，并对以矿产资源为原料的初加工工业（如钢铁、有色金属、基本化工和建材等）以至整个重工业的发展和布局有重要影响。矿产资源的地域组合特点对地区经济的发展方向与工业结构特点有着影响。矿产资源的利用与工业价值同生产力发展水平和技术经济条件密切相关，随着地质勘探、采矿和加工技术的进步，矿产资源利用的广度和深度也将不断扩大。

根据《矿产资源法实施细则》第 2 条规定，矿产资源是指经过地质作用形成的，具有利用价值的，呈固态、液态、气态的自然资源。

目前我国已发现矿种 171 个。可分为能源矿产（如煤、石油、地热）、金属矿产（如铁、锰、铜）、非金属矿产（如金刚石、石灰岩、黏土）和水气矿产（如地下水、矿泉水、二氧化碳气）四大类。

矿产资源保护的广泛含义：

矿产资源

1. 保护矿区生态环境，防止矿山在寿命终结时沦为不毛之地。

2. 对矿产资源的开发利用的全过程进行控制，将环境代价降低到最小。

3. 限制或禁止不合理的乱采滥挖，防止造成矿产资源的损失、浪费或破坏。

4. 合理开发利用矿产资源，优化资源配置，使矿产资源做到最优耗竭。

第二章 大气污染与控制

大气圈的结构

由气体和悬浮物组成的复杂流体系统被称为大气圈。大气是因地球本身产生的化学和生物化学过程经过长期演化而成，大气是维持地球上一切生命存在的必需。它的质量的好坏，直接影响着整个生态系统和人类环境。

地球表面覆盖着多种气体组成的大气，叫做大气层。随地球旋转的大气层被称为大气圈。大气圈中空气质量的分布很不均匀，总体看，海平面处的空气密度最大，随着高度的增加，空气密度会渐渐变小。超过 1000～1400 千米的高度后，气体会变得非常稀薄，因此，一般是把从地球表面到 1000～1400 千米的气层作为大气圈的厚度。

大气的总质量约为 $5.1×10^{18}$ 千克，仅占地球总质量的一百万分之一。大气质量在垂直方向的分布极不均匀，由于受地球引力的作用，它的质量主要集中在下部，其中的 50％集中在离地面 5 千米以下，75％集中在 10 千米以下，99％集中在 30 千米以下。

大气在垂直方向上的温度、组成与物理性质是不均匀的。根据大气气温垂直分布的特点，气象学在结构上将大气分为以下五个层：

1. 对流层

对流层是大气的最底层，它的厚度因为纬度高低和季节的变化而变化。在赤道附近大约为 16～18 千米，在中纬度地区为 10～12 千米，两极附近为 8～10 千米。夏季比较厚，冬季比较

薄。全部的大气中的水气和大量尘埃几乎都集中在对流层，云、雾、降水等主要天气现象都发生在这里。

对流层的显著特征：

（1）气温会因高度升高而降低，递减的梯度较大，大约每升高 1 千米温度降低 6.4℃。垂直升高单位高度时的气温下降值叫做气温的垂直递减率。贴近地面的空气受地面辐射出来的热量的影响而膨胀上升时，上面的冷空气下降，所以产生强烈的对流。

大气层

（2）密度大，大气总质量的 3/4 都集中在这一层，水蒸气也几乎全部在这里。

在对流层中，因受地表的影响不同，可分为两层：在 1～2 千米以上，受地表影响较小，叫做自由大气层，可不考虑摩擦力的影响，被当做理想气体来处理。在对流层顶中温度递减率发生突变，－50℃ 的低温，使水气凝结而不会超越这一高度，主要天气过程都出现在此层。在 1～2 千米以下部分受地表的影响较大，通称摩擦层或边界层，排入大气的污染物主要在此层活动。离地面 10 米以下为近地层，此处摩擦力起很大作用，受地表影响极大。近地层与陆地、水面直接接触，是人类活动的场所，同时也是各种污染物的发源地。

2. 平流层

平流层在对流层顶之上，顶界延伸到 50～55 千米。在平流层下层，即 15～35 千米范围内，温度因高度的降低而变化较小，气温比较稳定，所以又叫同温层。在 35 千米以上，因高度升高而温升加快，到平流层顶可达 －3℃～0℃。

平流层的特点：

（1）气温随高度增加而升高，出现下冷上热现象，没有上下对流的扩散运动，大气稳定。

（2）空气比下层稀薄，水气、尘埃含量很少。

（3）在离地 15～35 千米范围内，有厚度约 20 千米的臭氧层，由于臭氧可以吸收太阳光短波紫外线辐射，故使该层温度升高。

平流层大气稳定，透明度高，只要污染物进入该层，就可形成一薄层气流随着地球旋转而运动，滞留时间较长，甚至达数年，在强烈的光照下会产生各种光化学作用，导致臭氧层破坏。超音速飞机在平流层中飞行，排出的尾气扩散很慢，其中氮的氧化物与臭氧反应迅速，使臭氧减少，将大气吸收短波紫外线的能力降低。

3. 中间层

中间层在热层和平流层之间，为离地面 50～85 千米的区域。该层温度更为稀薄，气温随高度的增加而降低，在 85 千米附近的温度可降低至 −90℃。该层是臭氧层的准备阶段，会产生强烈的光化学反应，所以又叫光化圈。

4. 热层

中间层顶以上叫做热层，距地面 85 千米以上。该层内大气的成分主要是臭氧，它能强烈吸收太阳的紫外线辐射和能量，使大气温度快速升高。下层升温较快，上层升温较慢，至 200 千米以上温度近于等温，可达 1200℃以上。该层空气非常稀薄，在 120 千米高度的空间中，空气密度已小到声音不能传播的程度；在 270 千米高度上，空气相当于地面空气密度的一百亿分之一；在 370 千米高度上，空气密度仅有地面空气密度的一千亿分之一。由于空气稀薄，受太阳紫外线和宇宙射线的作用，该层的化学物质多呈离子状态，故又叫做电离层。

5. 逸散层

热层的上部为大气层，距地面高度 500～750 千米。在此范围内，大气非常稀薄，其密度与太空密度几乎一样。由于受地球的引力极小，自由活动的粒子能扩散到太空中去。在大气圈的顶部（1000 千米以上）并没有明显的界限，而是逐步过渡到星际空间，因此被叫做逸散层。该层的温度随高度上升而增加。

大气的组成

大气由多种成分组成，该混合气体的组成通常包括以下几部分：

1. 干洁空气

干洁空气指干燥清洁的空气。它的主要成分为氮、氧和氩，在空气的总容积中约占 99.96%。此外还有极少量的其他成分，如：二氧化碳、氖、氦、氪、氙、氢、臭氧等。

2. 水汽

大气中的水汽含量比氮、氧等所占的百分比要低很多，但它们在大气中的含量会随着时间、地域、气象条件的不同而产生很大变化，在干旱地区可低到 0.02%，而在温湿地带则高达 6%。虽然大气中的水汽含量不大，但对天气的变化却有着重要的作用，因而也是大气中的重要组分之一。

城市空气污染

3. 悬浮微粒

悬浮微粒指因为自然因素而生成的颗粒物，如：岩石的风化、火山爆发、宇宙落物以及海水溅沫等。无论是它的含量、种类，还是化学成分都在不断变化。

以上是大气的自然组成，或称大气的本底。有了这个组成能够很容易判断大气中的外来污染物。若大气中某个组分的含量远远超过上述标准含量时，或自然大气中本来没有的物质出现在大气中时，就能判断它们是大气的外来污染物。

臭氧层被破坏

臭氧（O_3）是空气中的痕量气体组分。据估计，如果将自地球表面至 60 千米高处的所有臭氧集中在地球表面上，仅仅有 3 毫米厚，总重量为 $3×10^9$ 吨左右。空气中的臭氧在平流层中集中，形成臭氧层，距地面为 20～30 千米。虽然臭氧在大气中只有极小的比率，但臭氧层却是地球的"保护伞"，是太阳辐射的一种过滤器。它对紫外线的总吸收率为 70％～90％，能够吸收 99％的来自太阳的高强度紫外线，使人类和生物免遭紫外线辐射的伤害，而且对控制地球气温起着重要作用。

20 世纪 70 年代初，美国环境科学家观察到臭氧层已经受损。1985 年，英国科学家证实南极上层的臭氧层有了"空洞"，即臭氧层因被破坏，而变得稀薄。到 1994 年，南极上空的臭氧层破坏面积已经达到 $2.4×10^7$ 千米。南极上空的臭氧层是在 $2.0×10^9$ 年中形成的，可是仅仅在一个世纪里就被破坏了 60％，北半球上空的臭氧层比以往任何时候都稀薄，欧洲和北美上空的臭氧层平均减少了 10％～15％，西伯利亚上空甚至减少了 35％。臭氧层遭受破坏后，原来被臭氧层遮挡的紫外线，直接辐射到地球，它长期对人类健康以及海洋和陆地生态系统具有有害影响。紫外线的增加可使人类的呼吸道疾病和白内障患者增加，损害人的免疫系统，皮肤癌发生率也会大大提高。科学家目前已证实，大气中臭氧每减少 1％，辐射到地面的紫外线会增加 2％，皮肤癌发生率则增加 4％。如果臭氧持续减少 10％，在今后十几年中，中纬度地区的皮肤癌患者将增加 25％（每年增加 30 万病人），由白内障引发的眼损伤将增加 7％（每年 170 万病例）。1991 年底，由于南极臭氧空洞的扩大，智利最南部的城市发生了小学生皮肤过敏和不同程度的阳光灼伤，同时许多绵羊和兔子短暂地失去视觉。

紫外线的增加，还会控制农作物及其他植物的生长，使粮食减产和森林产量下降。此外，紫外线还会损害到海洋生物，造成海洋食物链破坏。

臭氧层的严重破坏，与近年来大量使用的氯氟烃有关，氯

氟烃被大量用做制冷剂、喷雾剂、溶剂以及火箭推进剂等。除此外，还有哈龙 1301、N_2O、四氯化碳（CCl_4）等。

地球周围的大气，根据高度可分为对流层、平流层、中间层和散逸层。臭氧（O_3）是氧气（O_2）的一种同素异形体，在大气中含量很少。它的浓度因海拔高度而不同。臭氧

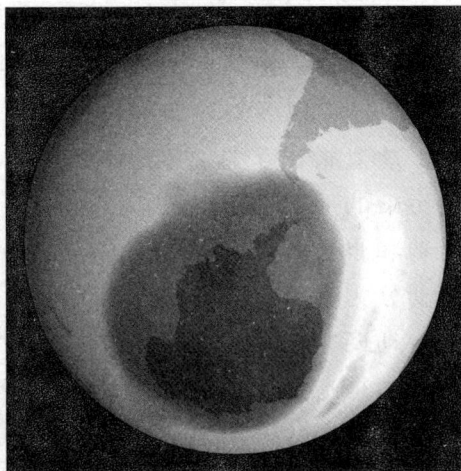

臭氧层空洞

分子是平流层大气的最重要的组成成分，其厚度为 10～15 千米，浓度峰值在离地面 20～25 千米高度处。一般就把平流层的这一部分称为臭氧层。近年来，科学观测发现臭氧层遭受破坏，在南极甚至出现臭氧层消失的现象，即臭氧层空洞。

臭氧层位于大气平流层中的 20～25 千米处，是地球上人类的保护伞，它能够吸收掉 99％太阳辐射到地球的紫外线，对地球形成天然保护，使地球上的生命避免紫外线强烈辐射形成的伤害。但是近来发现，地球的臭氧层正在被破坏。在南北极上空出现了臭氧层空洞，在北纬 30°～60°地区的上空臭氧层越来越稀薄。据估计，每当地球上臭氧层减少 1％，则太阳紫外线的辐射量大约要增加 2％，紫外辐射可以影响蛋白质和脱氧核糖核酸，使细胞死亡，由此而引发皮肤癌患者将增加 5％～7％，白内障患者也将增加 0.2％～0.6％。此外，紫外线的增加还会导致海洋浮游生物及虾、蟹幼体、贝类的大量死亡，引起某些生物的灭绝；使主要作物小麦、水稻减产，过量的紫外线还会使气温上升，以致将产生无法想象的灾难。

大气污染的含义

大气污染是指自然的或人为的过程，改变了大气圈中某些

原有成分和增加了某些有毒害物质，导致大气质量恶化，原来有利的生态平衡体系被影响，严重威胁了人体健康和正常的工农业生产，以及对建筑和设备、财产等造成损坏。

这里指出了造成大气污染的原因是人类的活动和自然过程。人类活动分为生活活动和生产活动两个方面，而生产活动是造成大气污染的主要原因。自然过程则包括了火山活动、山林火灾、海啸、土壤和岩石的风化以及大气圈的空气运动等内容。上

大气污染

面所说的原因产生了一些非自然大气组分，如：硫氧化物、氮氧化物等进入大气，或让一些组分的含量大大超过了自然大气中该组分的含量，如：碳氧化物、颗粒等。

形成大气污染的必要条件，指污染物在大气中要有足够的浓度，同时在此浓度下对受体作用足够长的时间。在此条件下对受体及环境产生了危害，造成了后果。因为大气的自净作用，可使自然过程造成的大气污染，在一段时间后自动消除。

主要大气污染物

排入大气的污染物非常多，根据污染物存在的形态，可将其分为颗粒污染物与气态污染物。根据与污染源的关系，可将其分为一次污染物与二次污染物。如果大气污染物是由污染源直接排出的原始物质，进入大气后性质没有发生变化，则叫做一次污染物；如果由污染源排出的一次污染物与大气中原有成分或几种一次污染物之间，发生了一系列的化学变化或光化学反应，形成了性质与原污染物不同的新污染物，则叫做二次污染物，如：硫酸烟雾和光化学烟雾。

（一）颗粒污染物

进入大气的固体粒子都是颗粒污染物。主要有五种：

1. 尘埃

尘埃指粒径在 75 微米以上的颗粒物。这类颗粒物因为粒径较大，在气体分散介质中沉降速度较快，因而易于沉降到地面。

2. 粉尘

通过固体物质的输送、粉碎、分级、研磨、装卸等机械过程中而产生的颗粒物，或因为岩石、土壤的风化等自然过程中形成的颗粒物，悬浮于大气中叫做粉尘，其粒径往往小于 75 微米。在这类颗粒物中，粒径大于 10 微米的靠重力作用能在短时间内沉降到地面者，叫做降尘；粒径小于 10 微米的不易沉降，能长期在大气中飘浮者，叫做飘尘。

3. 烟尘

在燃料的燃烧、高温熔融和化学反应等过程中所产生的颗粒物，漂浮于大气中叫做烟尘。烟尘的粒子粒径很小，大都不超过 1 微米。它既包括了因升华、焙烧、氧化等过程所形成的烟气，也包括了燃料不完全燃烧所造成的黑烟以及由于蒸气的凝结所产生的烟雾。

4. 雾尘

雾尘指小液体粒子悬浮于大气中的悬浮体的总称。这种小液体粒子一般是因为蒸气的凝结，液体的喷雾、雾化以及化学反应过程所产生，粒子粒径小于 100 微米。水雾、酸雾、碱雾、油雾等都属于雾尘。

5. 煤尘

煤尘指燃烧过程中没被燃烧的煤粉尘，如大、中型煤码头的煤扬尘和露天煤矿的煤扬尘等。

（二）气态污染物

以气体形式进入大气的污染物叫做气态污染物。气态污染物种类很多，主要有以下五种：

1. 含硫化合物，主要指二氧化硫（SO_2）、三氧化硫（SO_3）、硫化氢（H_2S）等，其中 SO_2 的数量最多，危害也最大，是影响大气质量的最主要的气态污染物。

2. 含氮化合物，主要指 NO、氨气（NH_3）等。

3. 碳氧化合物，主要指 CO、SO_2。

4. 碳氢化合物，主要是有机废气。有机废气中的许多组分对大气构成污染，如：烃、醇、酮、酯、胺等。

露天煤矿

5. 卤素化合物，对大气构成污染的卤素化合物，主要指含氯化合物及含氟化合物，如：氯化氢（HCl）、氟化氢（HF）、四氟化硅（SiF_4）等。

气态污染物由污染源排入大气，可以直接污染大气，同时还能经过反应产生二次污染物。

（三）二次污染物

光化学烟雾是二次污染物中危害最大的，也是受到人们普遍重视的，主要有以下三种类型：

1. 伦敦烟雾大气中没有燃烧的煤尘、二氧化硫（SO_2），同空气中的水蒸气混合然后产生化学反应所形成的烟雾，也称硫酸烟雾。

烟尘污染

2. 洛杉矶汽车、工厂等排入大气中的氮氧化物或碳氢化合物，通过光化学作用所产生的烟雾，也叫做化学烟雾。

3. 在我国兰州西固地区氮肥厂排放的 NO、炼油厂排放的碳氢化合物，由光化学作用所产生的光化学烟雾。

大气污染的类型

1. 能源型污染

能源型污染一般指燃料的燃烧污染。在人为的因素中，燃烧矿物燃料而排放出的污染物量最大。燃料燃烧污染指火电厂、工业锅炉、家用炉灶等的污染。

根据我国有关部门对烟尘、SO_2、NOx（氮氧化合物）、CO四种量大、面广的大气污染物发生量的统计，燃料燃烧、工业生产和交通运输的上述污染物产量分别达到 70％、20％ 和 10％。而燃煤排放的大气污染物数量占燃料燃烧排放总量约 95％ 以上。由此表明，我国大气污染的主要来源是燃煤。

我国煤的含硫量为 0.5％～3.0％，甚至更高，平均在 1.3％ 左右。我国在 1994 年消耗标准煤约为 9.2×10^8 吨，排放 SO_2 为 1.0×10^7 吨，排尘量约为 8.9×10^7 吨，我国能源消耗总量中煤占 78％、天然气占 2.0％、水电占 1.9％，核电所占比例非常小。

每年全世界排入大气中的 SO_2 约有 1.5×10^8 吨，其中美国为 2.6×10^7 吨，前苏联为 2.0×10^7 吨，日本为 1.2×10^7 吨。

2. 工业废气污染

工业生产中排放的废气根据原料、中间产品、产品和工艺状况来决定。

化学污染物质，如：重金属、氰化物、氟化氢、硫酸气溶胶、氯气等都是对人体毒害非常大的物质，特别是苯并芘、三氯甲烷等被称为是"三致"（致癌、致畸、致突变）物质。工业废气的危害范围通常根据其性质和排放量而定，一般在工厂周围

造成高污染的炼油厂

一定距离之内。

3. 交通废气污染

汽车、飞机、火车、轮船等交通工具是流动污染源，同工厂相比，每一交通工具所排放的污染物都很少，但因为其总数量很大，在城市中或交通干线，其排放总量和浓度都非常高，而且随着经济的发展，这类污染所占的比重正以较快的速度上升。在交通工具中，由于汽车数量最多，在城市中密度高，所以汽车尾气的污染最大。汽车尾气的污染物主要为碳氢化合物（HC）和氮氧化合物（NOx）。但也有人认为，柴油车所排放的还没完全燃烧的柴油气溶胶，对人体危害可能更大。

HC 和 NOx 在阳光的作用下，通过化学反应，产生甲醛、臭氧、过氧乙酰硝酸酯（PAN）等二次污染物，对人体危害更大，被称为光化学烟雾。1946 年，光化学烟雾首先在美国洛杉矶发现，它通常出现在上午上班高峰期。由于这些物质的强氧化性，刺激眼睛和呼吸道，会引发胸部疼痛、头痛、咳嗽、疲倦等症状，导致哮喘病增加及植物损伤。

4. 室内空气污染

居室、宾馆、办公室、剧场、医院、娱乐厅等室内场所是人类休息、活动时间最长的地方。而室内空气与室外大气相比范围小、流动性差。因此，许多室内空气污染对人体的影响甚至超过了室外。

洛杉矶烟雾

室内空气污染源：

（1）建筑材料、装饰材料的污染。例如：某些大理石等建筑材料的放射性超过标准；室内涂料及油漆中有机物质的挥发等。

（2）人口密度过大，通风条件不好，导致室内空气中 O_2 浓度减少，CO_2 浓度增加。

26

（3）室内空气中病菌等微生物超过卫生标准。

（4）在室内吸烟。

室内空气中 O_2 的含量降低，会引发喘息、呼吸困难等一系列症状。

室内空气中细菌数的增加，会增加病原菌繁殖的概率，容易引发传染疾病。根据日本资料显示，以室内菌落数评价空气清洁度的标准方法是将盛有琼脂培养基的 9 厘米培养皿，在室内空气中暴露 5 分钟，然后在 36℃～37℃下放置 48 小时，计算菌落数，进行标准评价。

1986 年，上海医科大学卫生微生物教研室对上海有代表性的场所进行调查，测定表明，只有郊区的空气质量清洁，公园、教室、宿舍属良好，其他场所都有不同程度的污染。其中，中百一店、繁忙交通点污染最严重。

室内重要的污染源之一是吸烟。烟草的烟雾成分非常复杂，主要是焦油和烟碱（尼古丁），目前共鉴定出 3000 多种化学物质，它们在空气中以气态、气溶胶状态存在，其中不少是致癌或可疑致病物。

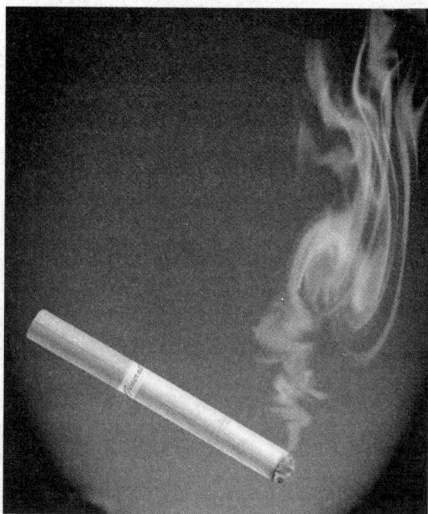

吸烟有害健康

污染大气的元凶

大气是环境的组成部分，是人类和动植物摄取氧气的源泉，是植物进行光合作用所需二氧化碳的贮存库，也是环境中能量流转的重要环节。大气是由多种气体组成的混合物，其组成基本上是不变的。但因为人口增多，工业发展，导致向大气中排放的有害气体及飘尘也越来越多，远远超过了大气自净能力，让大气的组成发生了变化，有害气体对人类的生存和发展造成很大影响，然后就形成了大气污染。

大气污染根据污染物的不同，可以分为氮氧化物污染、硫氧化物污染、碳氧化物污染及飘尘污染。

1. 氮氧化物污染：大气中的氮氧化物大约有 2/3 来源于煤炭及石油产品的燃烧，以及生产氮肥、有机中间体、金属冶炼时造成的废气。燃烧 1 吨煤能产生 3.6～9 千克二氧化氮。其余的 1/3 来自汽车的尾气。少量是因为自然界的火山爆发、雷击闪电等使大气中的氮和氧化合而成的。当大气中氮氧化物含量达到一定程度时，如果还有碳氢化合物、硫氧化物等存在，就可能产生"光化学烟雾"，对人类健康造成危害。主要污染物是一氧化氮和二氧化氮。

2. 硫氧化物污染：据统计，每年全世界由于人类活动排放到大气中的二氧化硫超过 15000 万吨。其大约 2/3 来自煤炭燃烧，还有 1/5 来自石油燃烧。大气中硫氧化物含量大时，就会形成酸雨。世界八大公害之一的比利时马斯河谷事件就是因为二氧化硫污染而造成的。主要污染物是二氧化硫，还包括硫酸及硫酸盐的微粒等。

3. 碳氧化物污染：大气中的碳氧化物大多来自煤炭和石油的燃烧。如果碳和碳的化合物在空气不充足的情况下燃烧，就会产生一氧化碳。例如，1 吨锅炉工业用煤燃烧产生约 1.4 千克一氧化碳；1 吨居民取暖用煤燃烧产生约 20 千克以上的一氧化碳；一

酸雨危害树木

辆行驶中的汽车，每小时产生 1～1.5 千克一氧化碳。据统计，全世界每年排入大气中的一氧化碳约 2.4 亿吨，而且由于一氧化碳不能氧化，不易与其他物质发生反应，主要污染物是一氧化碳和二氧化碳。因此，一氧化碳对环境的污染绝不能小视。

虽然二氧化碳不是有毒物质，但大气中含量过高，就会出现"温室效应"，有可能给全球带来巨大灾难。

4. 飘尘污染：大气中弥漫着的固体和液体微粒、粒径在 $1.0 \times 10^{-7} \sim 1.0 \times 10^{-5}$ 米之间，长期悬浮在大气中不落的，叫做"大气飘尘"。飘尘的成分复杂，形态万千，往往成为其他多种污染物的"载体"和"催化剂"。大气中飘浮着因核爆炸而产生的放射性灰尘时，会引发慢性放射性病或皮肤慢性损伤。因此，大气飘尘是危害较大的大气污染物之一。大气污染不但损害人体健康，而且影响动植物的生长，破坏经济资源，损坏建筑物与文物古迹，严重时甚至可改变大气的性质，使生态受到伤害。

空气污染物

1. 颗粒物污染物

飘尘：指在大气中长期飘浮，粒径小于 10 微米的微粒。由于飘尘可使人直接吸入呼吸道，而且可飘浮扩大污染范围，同时在大气中会为化学反应提供化学床，因此成为最引人注目的研究对象。

降尘：指在总悬颗粒物中一般粒径大于 30 微米的颗粒物。靠自重能够很快沉降。

按其来源大气污染物可分为一次污染物和二次污染物。一次污染物是指直接由污染源排放的污染物；二次污染物是指大气中一次污染物之间或一次污染物与大气正常成分之间产生化学作用生成的污染物，它比一次污染物对环境和人体有更加严重的危害。

2. 总悬浮颗粒物

总悬浮颗粒物指悬浮在大气中不容易沉降的所有的颗粒物，包括各种固体微粒、液体微粒等，直径通常在 $0.1 \sim 100$ 微米之间。它主要来源于燃料燃烧时产生的烟尘、生产加工过程中产生的粉尘、建筑和交通扬尘、风沙扬尘以及气态污染物经过复杂物理化学反应在空气中产生的相应的盐类颗粒。总悬浮颗粒物的浓度用每立方米空气中总悬浮颗粒物的毫克数来表示，用标准大容量颗粒采样器在采样效率接近 100% 滤膜上采集已知体积的颗粒

物，在恒温恒湿条件下，对采样前后采样膜称量来确定采集到的颗粒物质量，再与采样体积相除，得到颗粒物的质量浓度。

在我国甘肃、新疆、陕西、山西的大部分地区，河南、吉林、青海、宁夏、内蒙古、山东、四川、河北、辽宁的部分地区，总悬浮颗粒物污染比较严重。

3. 可吸入颗粒物

可吸入颗粒物指悬浮在空气中，空气动力学当量直径小于等于 10 微米的颗粒物。可吸入颗粒物的浓度用每立方米空气中可吸入颗粒物的毫克数来表示。国家环保总局在 1996 年颁布修订的《环境空气质量标准（GB3095—1996）》中将飘尘改称为可吸入颗粒物，作为正式大气环境质量标准。

粒径在 10 微米以下的颗粒物通常被称为 PM10，又叫做可吸入颗粒物或飘尘。可吸入颗粒物（PM10）在环境空气中持续的时间较长，对人体健康和大气能见度影响都非常大。一些颗粒物来自污染源的直接排放，比如烟囱与车辆。另一些则是由空气中硫的氧化物、氮氧化物、挥发性有机化合物及其他化合物互相作用而产生的细小颗粒物，它们的化学和物理组成随着地点、气候、一年中的季节不同而变化很大。可吸入颗粒物通常来源于在未铺沥青、水泥的路面上行驶的机动车，材料的破碎碾磨处理过程以及被风扬起的尘土。

颗粒物的直径越小，进入呼吸道的部位就越深。10 微米直径的颗粒物大多沉积在上呼吸道，5 微米直径的则可进入呼吸道的深部，2 微米以下的可 100% 深入到细支气管和肺泡。可吸入颗粒物被人吸入后，会累积在呼吸系统中，诱发许多疾病。对粗颗粒物的暴露可侵害呼吸系统，引发哮喘病。细颗粒物可能会引发心脏病、肺病、呼吸道疾病，降低肺功能等。因此，对于老人、儿童和已患心肺病者等敏感人群，风险是非常大的。另外，环境空气中的颗粒物也是降低能见度的主要原因，会损坏建筑物表面。

4. 二氧化硫中毒

二氧化硫是一种无色气体，具有浓烈的刺激性气味，是大气中几种主要的污染物质之一。大气中的二氧化硫大多是人类活动产生的，主要来自煤和石油的燃烧以及石油炼制等。例如：北京市的二氧化硫主要是燃煤排放的。在采暖期，遍布全市的采暖用的小煤炉及锅炉等排放出大量的二氧化硫，使市区大气环境中的二氧化硫浓度很高。在非采暖期，因为没有采暖用煤，同时市区居民使用燃煤较少，因此二氧化硫浓度相对较低。1996年，北京市（含工业、农业、居民生活）煤炭消耗量为2763万吨，二氧化硫排放量为35.31万吨。大气中的二氧化硫刺激人们的呼吸道，使呼吸功能减弱，同时导致呼吸道抵抗力下降，引发呼吸道的各种炎症，危害人体健康。二氧化硫还会对许多植物造成危害。二氧化硫及其生成的硫酸雾对金属表面会造成腐蚀，对纸制品、纺织品、皮革制品等造成损伤。二氧化硫的污染还可能形成酸雨，进而给生态系统以及农业、森林、水产资源等带来严重危害。

防治：

（1）改变燃料构成，推广使用天然气和优质煤；

（2）继续发展集中供热；

（3）大力推广节能、脱硫和高效除尘措施。

5. 气溶胶污染

空气中悬浮的固态或液态颗粒统称为气溶胶，典型大小为 0.01～10 微米，在空气中滞留可长达几个小时。气溶胶来源于自然或人类。气溶胶可以从两方面影响气候：通过散射辐射和吸收辐射进行直接影响，以及作为云凝结核或改变云的光学性质和生存时间而进行间接影响。

（1）气溶胶的特点

气溶胶粒子具有分布不均匀、变化尺度小、复杂性的特点，大多集中在大气的底层，

雨前的云

对云的凝结核、雨滴、冰晶形成，进而产生降水起重要作用。气溶胶甚至能够改变云的存在时间，可以在云的表面发生化学反应，决定降雨量的多少，影响大气成分。

（2）气溶胶粒子影响天气和气候

①气溶胶粒子能够将太阳光反射到太空中，进而冷却大气，同时会使大气的能见度变坏。

②气溶胶粒子通过微粒散射、漫射和吸收一部分太阳辐射，使地面长波辐射的外逸减少，使大气升温。

影响大气环境的细粒子

天，灰蒙蒙的，像雾又不是雾，大气能见度降低，这种空气质量下降的现象，经环保专家初步研究证实是由悬浮在空气中微小的细粒子颗粒形成的。

这种微小的细粒子由三部分组成：①自然尘和无机物灰尘，主要来源于裸露地面和建筑施工工地的扬尘。②微小的碳粒子，包括有机碳和元素碳。这部分污染物主要来自锅炉燃煤、柴油车、汽油车尾气排出的烟气和有机碳，建筑油漆以及烹调食品和烧烤。③细粒子，是由空气中的二氧化硫、氮氧化物等有害气体经化学反应而产生的硫酸盐、硝酸盐和铵盐等二次污染物转化生成的固体生成物。这些有害气体也来源于机动车尾气和燃煤等。空气中的细粒子变化过程表现为动态性，城市之间、地域之间以及气象条件等因素的相互影响使其污染物来源结构非常复杂，目前正在对各种成分分析所占的比例进行进一步研究。

PM10能通过呼吸道侵入人体，大一些的在通过鼻腔、喉头、气管等上呼吸道时，会被这些器官的纤毛上皮所阻留，经咳嗽、打喷嚏等保护性反射作用排出，而较小的可以进入到支气管甚至肺泡，尤其是直径小于2.5微米的颗粒物（PM2.5），还会沉积于肺泡或被吸收到血液及淋巴液内。同时，大量飘浮的细粒子可以吸附空气中的细菌、微生物、病毒和致癌物质，对人体健康危害更大。1～2微米大小的颗粒物，特别是小于1

微米的粒子，与可见光波长类似，对阳光产生散射作用，可使光线穿透力减弱，天空灰蒙蒙一片，大气能见度降低。

细粒子颗粒物浓度与自然环境及人类的各项活动有关，在污染源不变的基本情况下，气象因素会对细粒子产生很大影响，逆温、静风、高湿度等天气不利于污染物扩散，颗粒物浓度会积累增高。当前北京市治理大气污染所采用的改变能源结构、控制机动车尾气排放、增加绿地面积和减少工地扬尘等防治措施，都是对细粒子污染防治的治本之道。

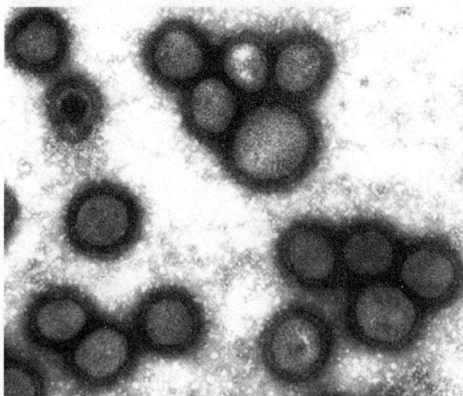

病　毒

1. 降尘

降尘又叫做"落尘"。大气降尘指在空气环境条件下，凭借重力自然沉降在集尘缸中的颗粒物。这些颗粒物通过多种途径产生，并且具有形态学、化学、物理学和热力学等多方面的特性。大气降尘是地球表层地气系统物质交换的一种形式，降尘过程的环境指征有重要意义。大气降尘的粒径多小于 100 微米。

2. 烟雾

烟雾，由煤烟和雾两字合成，由英国人于 1905 年所创用。原意指空气中的烟煤和自然雾相结合的混合体。现在此词含义已超出原意范围，用来泛指由于工业排放的固体粉尘为凝结核所生成的雾状物（如伦敦烟雾）或由碳氢化合物和氮氧化物经光化学反应生成的二次污染物（如洛杉矶光化学烟雾），是多种污染物的混合体产生的烟雾。

第三章　水体污染与污染物

水污染

在天然水中，各种淡水源（如：河水、湖水、地下水）与人类生产和生活关系密切。淡水的污染一般指工农业生产废水和生活污水的排入造成的水体污染。此外，还包括天然高矿化度废水（如：海水、高矿化度地下水等）侵入淡水，石油及其他工业废水排入海洋的水体污染。

水污染，一般是指排入水体的污染物，超过水体对该污染物的净化能力，使水质产生恶化，造成对水生生物及人类生活和生产用水的不良影响。

水体的自净作用指污染物进入水体后，根据环境自身的物理、化学作用而将污染物消除的过程。原则上，进入水体的污染物最终都可以被净化，但是由于环境存在差异，污染物的性质也有所不同，污染程度也会不同，净化的

污水处理厂

难易和净化的速度也就不同。了解污染物的性质与含量以及它们在水中的存在形式、化学行为和环境的物理、化学、生态等因素，对于研究一定水体的自净能力、采取措施、防止和克服污染所造成的危害，具有很大的意义。

水污染物及分类

水中污染物种类繁多，它们的分类方法有很多，从不同角度可将其分为多种不同的类型：

（一）依据污染物质、来源和所造成的各类环境问题进行分类

1. 耗氧污染物

耗氧污染物大多来源于生活污水及工农业排污，它是一些可以被微生物降解成为二氧化碳和水的有机物，可以五日生化需氧量（BOD5）来表示。这是指有机污染物在好氧细菌的作用下，五天中分解有机物所需（或消耗）分子氧的数量（毫克/升）。一般水中溶解氧最少也要达到为 5 毫克/升。如果发生溶解氧数量不足或有机污染物含量过高现象，都会引起水体溶氧耗尽，直到出现"腐臭"现象。溶氧不足，有机物降解时必须由水中的硝酸盐和硫酸盐供给氧，而随之产生 H_2S 等还原性产物。

水中耗氧污染物的存在，使它们降解时耗氧，使水质产生恶化，影响鱼类及其他水生生物的生活，对人们生活及生产用水的供给也有严重影响。

2. 致病污染物

致病污染物来自人类的排泄物，医院、屠宰场以及船舶废水排入水体的病原微生物与细菌，可使人类和动物因传染而患病。因为饮水不卫生而造成的人类传染病有：血吸虫病、霍乱、伤寒、痢疾、病毒性肝炎和脊髓灰质炎等。判定水中致病污染物主要是测定水中大肠

因环境污染而死的动物

杆菌的个数。

3. 合成有机物

合成有机物包括洗涤剂中的表面活性剂、农药、工业有机产品和其他有机物及其降解物。它的含量通常以 ppm（或毫克/升）来表示。这些物质在环境中很难发生生物和化学降解。它们大多对鱼类有很大的毒性，对人类的危害更大。但人们对大多数有机合成物对生态系统的毒害还了解很少。预计在人类认识到它们的危害之前，就可能造成严重的危害。

4. 植物营养物

植物营养物，如：氮、磷等刺激藻类及水草生长，干扰水质净化，将 BOD5 值升高的物质。它们的含量一般用 ppm（或毫克/升）来表示。水体中过量营养物所造成的"富营养化"，对于湖泊及流动缓慢的水体所造成的危害已成为水源保护的严重问题。

藻类生长的营养物包括二氧化碳、氮、磷、铁、锰、硼、钴、维生素及激素等。虽然其中任意一种的缺少都可能抑制藻类的生长，但对控制哪一种最为有效，仍有争论。现已证实，藻类的盛衰和磷的含量与氮和二氧化碳的关系相比更为密切。

受污染的水面漂着死鱼

5. 无机物及矿物质

无机物及矿物质主要来自城市及工业废水、采矿废水的排入，它的含量通常用 ppm（或毫克/升）来表示。这些污染物的危害随着物质的种类、存在形式和水体物理、化学性质以及生物的不同而不同。例如：无机汞排入水体，底泥中厌氧细菌可以把无机汞转化为甲基汞（CH_3Hg^+），甲基汞极易在生物体内积累，使汞的毒性显著增大。

6. 沉积物

沉积物主要来源于土壤碎屑、砂粒及岩石冲刷下来的无机矿物的沉积，部分来源于工业排放的颗粒物以及无机物在迁移过程中所生成的颗粒物。水中颗粒物的沉积既堵塞河道、水库，阻塞及腐蚀设备，还

藻类过度繁殖的水面

减弱水体中水生生物的阳光照射，覆盖鱼穴，妨碍鱼类产卵、寻食，使鱼、贝的产量降低。据估计，在人类出现之前，全世界每年由河流带入海洋的固体物大约是 93 亿吨，而现在每年约为 240 亿吨以上。沉积物含量一般也以 ppm（或毫克/升）来表示。

7. 放射性物质

水中放射性物质包括来自放射性矿床的开采、冶炼，核电站、反应堆和放射性物质的使用等。它的含量以辐射剂量单位（例如：蜕变数/秒）来表示。放射性物质除了具有相应的元素及其化合物外，电离辐射对人体的生物作用成为它们主要的危害。电离辐射使机体组织的分子分离成离子或自由基，使生物体重要的物质（如：细胞核中的 DNA 分子）产生破裂，使细胞染色体或基因破坏形成遗传变异。人类患急性辐射病的症状是恶心、疲乏、呕吐、贫血等。辐射病还引发白血病、癌症、心血管病、白内障等。

水力发电站

8. 热污染

发电厂排放的大量冷却水会使水体温度升高，使水的密度及黏度减小，悬浮物的沉积速度加快（在 35℃时的沉积速度为 0℃时的 2.5 倍），蒸发加强（32℃时比 15.5℃时快 5 倍），反应速度加快（每增加 10℃，反应速率增加 1 倍），加快有机物的氧化降解，使氧的消耗增加，溶氧含量减少（35℃时 DO 值仅是 15℃时的 70％）。由于鱼类等水生生物对温度变化适应性不强，进而影响鱼类的生存。

（二）依据污染物的毒性进行分类

1. 无毒污染物

无毒污染物主要包括糖类、木质素、纤维素、脂肪、蛋白质等天然有机化合物。一部分在水中溶氧的情况下，通过生物作用，会氧化分解成二氧化碳、水以及氮、磷营养物质，消耗水中的溶解氧，加剧藻类水生植物繁殖，使水体富营养化。

2. 有毒污染物

有毒污染物在人体内积累到一定的数量能导致体液及组织发生变化，使生理功能发生变化，造成暂时或持久的病理状态，严重者将影响生命。如：重金属、有机农药等。同一污染物的毒性与其存在形式关系密切，毒性形式不同，有很大差别。如：汞的毒性依 CH_3Hg^+、$(CH_3)_2Hg$、Hg、Hg^{2+}、Hg^+ 顺序减弱；As(Ⅲ) 的毒性大于 As(Ⅴ)；Cr(Ⅵ) 的毒性大于 Cr(Ⅲ)；农药六六六中仅有丙体六六六具备杀虫能力，其他异构体无毒。

3. 有毒污染物的主要种类

从毒性污染看，重金属包括 Hg、Cd、Cr、Pb、As 等，这些金属毒性明显，其次是 Be、Cu、Se、Zn、Ni、Sn、Mn、Co、Ag、Mo、V 等。

无机阴离子主要

喷洒农药

包括 NO_2、F、CN 离子。

放射性物质包括两大类：①天然放射性物质，又称为放射性本底，海水中天然放射性物质以^{40}K含量最高，占海水天然总放射性的 90% 以上，其次是 ^{87}Rb 和 ^{288}U；②人工放射性物质，又称为放射性污染物，它引起的污染叫做放射性污染。因为核试验、核动力舰艇、原子能实验、核电站等活动，会把放射性污染物投入海洋，且含量已非常可观，世界任何海区都存在放射性物质。

有机农药、多氯联苯。目前，世界上已有有机农药大约 6 万种，常用的约有 200 种，如：滴滴涕、敌敌畏、乐果、对硫磷等。大部分有机农药毒性大，几乎不降解，积累很高，对生态系统破坏严重，已渐渐被有机磷农药取代。有机磷农药毒性大，但比较容易降解，积累较弱，对生态系统影响不明显。多氯联苯是联苯分子中的一部分氢或全部氢，被氯代替后形成的各种异构体的混合物。多氯联苯剧毒，脂溶性大，易被生物吸收，化学性质非常稳定，难以燃烧，难与酸、碱、氧化剂等作用，有高度的耐热性，在 1000℃～1400℃高温下才会完全分解。所以在天然水和生物中很难降解。

致癌物质。根据流行病学调查，认为 80%～90% 的人类癌症是由包括化学物质、病毒和射线的环境因素引起的，其中以化学物质为主。致癌化学物质一般可分三类：稠环芳香烃、杂环化合物和芳香胺类。另外，石油和一般有机物，如：酚类、胺类，是水体的污染物质。

水污染及其历史回顾

水是地球万物生命之源。生命的繁衍过程中，没有任何物质可以替代水的作用。没有水就没有生命。没有清清的碧波，就没有健康。

随着人口的不断增长和工业化程度的不断提高，我国水污染越来越严重，尤其是饮用水的污染，正在威胁着我们的健康和生命。统计显示，20 世纪 70 年代初，全国日排放废水量为

3000 万～4000 万吨；1980 年，日排放废水量约为 7500 万吨；目前，已超过 1 亿吨，其中 80％以上没经过任何处理直接排入水域。我国七大江河流域的 15 个主要城市河段中，有 13 个河段的水质污染严重，长江以北地区根本找不到一条没被污染的主要河流。

保护水资源，提高饮水标准，改善饮用水的质量，关系到我们的健康与生命。

水资源的匮乏是一个世界性问题。占世界人口 40％左右的约 80 个发展中国家虽然做了种种努力，但是目前仍然面临严重的水问题。它们拥有的饮用水不是太少就是对健康有害，况且它们没有足够的公共卫生设施。目前世界上大约有 15 亿人口没有稳定的饮用水水源。有人预测，到 2025 年将会有 30 亿人口缺水。

联合国开发总署的一份报告曾指出，发展中国家平均每年有 3000 万儿童因饮用水不洁而死亡；世界卫生组织的一份调查得出的结论是，世界上的常见疾病有 80％是饮用水造成的。因为水资源的缺乏和水污染的日益加剧，被称为生命之源的水，已成为各类病菌和某些有毒物质传播的载体，饮用不洁之水，成为影响人类健康的主要原因。

一旦水源遭到污染，净化起来将非常困难。因而，水源污染对人类健康的影响也将是非常难解决的问题。从世界范围看，水源污染对人体健康造成的直接和间接的危害历史是漫长的，它们的发展阶段可分为三个时期，每个时期都

节水标语

有自己的特点，但又相互联系。回顾这个发展史，对我们全面认识现代都市水源保护有一定意义。

水源污染对人体健康的危害的第一时期发生最早，延续时

间也最长。主要由病原微生物污染而引起，引发的疾病有霍乱、伤寒、脊髓灰质炎、甲型病毒性肝炎，等等。这些疾病都因为被污染的饮用水传播而爆发流行。它们长时间严重威胁人类生命，从而使饮水消毒和自来水厂兴起。随着自来水厂普遍建立，介水肠道感染病得到有效控制，但是在部分落后地区仍有爆发和流行。

第二时期是从20世纪中叶开始的。随着工业的发展，发生了水体受到工业废水、废渣的污染的情况，尤其是含重金属废水污染对人体健康造成极大危害。当时，在日本出现了震惊世界的两大公害：水俣病和骨痛病。这两种疾病都是由于工业废水造成水源重金属污染，尤其是水银污染导致的恶果。这个教训使许多工业化国家警觉，相继采取了一定的预防和治理措施，使水源重金属污染渐趋缓和。然而值得发展中国家警惕的是，近年来日本借投资之名，在第三世界国家建厂，将有剧毒的工业产品的生产转移到这些国家，输出工业废水、废渣。这一现象出现的原因之一是日本国内已经建立严格的环境保护法，企业生产过程中不允许排出有毒物质，于是他们便利用发展中国家环保法律的不完备而输出污染。

第三个时期是从20世纪70年代初开始的。化学工业在当时得到迅猛发展，很快造成一系列严重的环境问题。首先觉察到这些问题的是美国环保局。他们在水中发现了多种有机化合物，便开始研究这些化合物对人体健康的影响。随着水质监测仪器的发展，配备电脑的气相色谱质谱仪应用于水中有机物的分析。到20世纪90年代初期，已从世界各地的水源中测出2221种有机化合物；从美国自来水中发现324种有机化合物；我国上海黄浦江水中发现

工业废水处理

的有机化合物多达 500 余种；松花江吉林江段测出有机化合物 317 种。

由此可见，地面水中有机污染物的数量非常惊人。这些众多的有机化学污染物对人体健康有多大危害、它们和致癌危险性之间的关系究竟如何等问题，已引起各国重视。美国国立癌症研究所收集了许多有机化合物致癌、致突变的文献资料，然后通过科学标准对每个化合物的致癌和突变性进行分类，发现美国自来水中的 767 种有机化合物中存在 20 种致癌物、26 种可疑致癌物、18 种促癌或助癌物、46 种可致突变物。

不合格饮用水对人体健康造成的慢性损害也是不容忽视的。联合国卫生署最近提供的一项资料表明：饮用水中的氧化物、氯化物以及汞、铅等重金属化合物能对肾脏和中枢神经造成影响，并可能致癌；钙、镁氧化物，氧化锌，氧化铝，二氧化二砷及胶质可影响肝、肾及神经系统；氧化铁超标还可能导致尿毒症及代谢失调。

水体中的主要污染物及污染源

（一）需氧污染物

1. 需氧污染物的概念

如前所述，生活污水和一些工业废水中所含的有机化合物（碳水化合物、蛋白质、脂肪等）在微生物的作用下，会分解为简单的无机化合物：二氧化碳和水等。这些有机化合物的分解过程要消耗掉大量的氧，所以叫做需氧污染物。通常情况下，分解 1 摩尔（162 克）碳水化合物需要 6 摩尔（192 克）氧：

$$C_6H_{10}O_5 + 6O_2 \longrightarrow 6CO_2 + 5H_2O$$

如果水体中含有 0.010 克/升（10ppm）有机污染物，全部分解需要消耗掉 0.012 克/升氧。

在 20℃ 正常的大气压下，水中的溶解氧（DO）只有 0.00917 克/升。当水中有机物达到上述量时，就会使水中的溶氧耗尽，造成水体缺氧。

因为水体中有机物组成很复杂，单独测定各类有机物的含

量非常困难，而且危害主要由缺氧造成，所以，事实上采用生化需氧量（BOD）、化学需氧量（COD）、总有机碳（TOC）、总需氧量（TOD）等指标来表示需氧有机物的含量。

（1）生化需氧量

生化需氧量指水中污染物经生物分解时所需要消耗的分子氧的数量（毫克/升）。BOD越高，说明水中需氧有机污染物就越多。有机污染物的微生物分解一般通过两步来完成：

Ⅰ $RCHNH_2COOH+O_2 \Longrightarrow RCOOH+CO_2+NH_3$

Ⅱ $2NH_3+3O_2 \Longrightarrow 2HNO_2+2H_2O$

$2HNO_2+O_2 \Longrightarrow 2HNO_3$

第二步中无机氨—氮对环境溶氧的影响很小，一般生化需氧量大多是第一步反应所需要的氧量。由于生化反应与温度有关，测定时往往以20℃作为标准。测定结果显示，生活污水中第一步生化氧化要通过20天才能完成，这为实际测定带来很大困难。因此，目前以5天作为测定生化需氧量的标准时间，简称五日生化需氧量（用BOD5表示）。实验表明，五日生化需氧量占第一步生化需氧量的70%左右。

（2）化学需氧量

化学需氧量指用化学氧化剂氧化水中有机物所需要消耗的分子氧的值。常用的氧化剂有 $K_2Cr_2O_7$、$KMnO_4$ 等。COD越高，说明水中的有机污染物越多。

生化需氧量，能客观地反映水中有机物的需氧量，正确地说明环境污染的程度。但花费时间长，反映问题不及时。化学需氧量测定花费时间短，但无法正确反映微生物氧化所需要的氧，也不能使有机物全部氧化（$K_2Cr_2O_7$ 法对低碳直链有机物只能氧化80%～90%，不能分解芳香烃及杂环化合物，但能氧化其他还原性物质硫化物、NH_3、NO_2、Fe^{2+} 等；$KMnO_4$ 法只能氧化60%左右的有机物），所以，一般用BOD5表示水体的有机物污染程度较为确切。

如果水体中有机污染物的组成比较稳定，那么COD和BOD之间就存在一定的比例关系，即：COD（$K_2Cr_2O_7$ 法）＞BOD20＞BOD5＞COD＞$KMnO_4$），一般说，$K_2Cr_2O_7$ 化学需氧量与第一阶段生化需氧量之差，可以大致计算出不能被微生物分解的有机物的量。

（3）总有机碳

总有机碳指水体中所有有机污染物的含碳量，也是评价水体中有机污染物的一个综合指标。让水样在高温下燃烧，有机碳就可氧化成 CO_2，测定生成的 CO_2 的量，就能知道水样中的 TOC，单位用碳的毫克/升表示。

（4）总需氧量

有机污染物中除有碳外，还含有氮、氢、硫等元素，这些元素被全部氧化成相应的 CO_2、NOx、H_2O、SO_2 等需要的氧，即总需氧量。总需氧量指在高温下燃烧水样中的有机物所耗去的氧，单位用氧的毫克/升来表示。TOD可用仪器测定，测定迅速，几分钟内即可完成，并且能够自动化、连续化。

2. 水体中需氧污染物的来源

维持生命的天然水体都有一定的BOD，由于在自然界中不断地有有机物残体进入水体，天然水的生化需氧量绝大多数处于1～2毫克/升之间。来自寒温带沼泽地带的河流和天然营养化的水体，生化需氧量较高。来自水体外的需氧污染物，主要包括以下三种：

（1）水从土壤、泥炭和其他包含有生物遗体的各种形成物中溶滤出来的物质。在复杂的成土过程中，生物的遗体，其中主要的植物遗体，因为受到一系列物理、化学和生物因素的作用，使用中成分发生了深刻的变化，变成一种特殊的有机复合物——腐水体，与含有复杂有机物的土壤层相互接触，从土壤中冲洗出一部分腐殖质以及分解的中间产物进入水中。这些情况易发生在吸附综合体为氢所饱和的土壤中（酸性土壤）。因此，泥炭中的水及沼泽水一般呈黄色、褐色。在一些沼泽水补给的河水中，腐殖质起源的物质是水中的主要化学成分。

（2）随污水流到水中的需氧污染物主要有生活污水、畜禽污水等，这类有机物是各种细菌（包括病原体）繁殖的良好载体，从卫生观点来看，这些污染物都具有危险性。

（3）工业废水指造纸、制革、酿造、印染、焦化、石油化

工等生产过程中生成的污水流入水体，使水中含有各种复杂的需氧污染物。从排放量上来看，生活污水是需氧污染物最主要的来源。但畜禽污水及工业废水的生化需氧量通常比生活污水大数倍到数十倍。

3. 需氧污染物的分解与溶氧平衡

需氧污染物进入水体后会进行生物化学分解，这个过程会消耗水中的溶解氧。在被污染的水体中，需氧有机物的分解过程制约着水体中溶解氧的变化。研究这个问题，对评价水污染程度、了解需氧污染物对水产资源的危害和利用水体的自净能力，具有重要意义。早在20世纪50年代，美国学者 AF. Bartsh 和 W. M. Ingram 编写了一套被生活污水污染的河流中 BOD 和溶解氧关系的模式图。这套图简明、醒目，被各国广泛应用。

将污水排入河流处定为基点 0，向上游去的距离取负值，向下游去的距离取正值。假定污水源于 4 万人口的小城市的下水道，河流流速为 30.5 米/秒，流进河流的污水与河水立即混合，水温为 25℃。此时，0 点处排入污水，BOD 快速上升，径流向下，因为降解作用，导致 BOD 逐渐下降并逐步恢复到原来的水平。而 0 点前未受污染的河水溶氧值正常，污水排入后的 BOD 分解耗氧导致溶氧值逐步下降。经 2.5 天，流程 30 英里（1 英里≈1.609 千米）后降到最低点，以后又回升，最终恢复到接近于污水排入前的状态。在污染河流中溶解氧曲线呈下垂状，叫做溶解氧下垂曲线。根据 BOD 与溶解氧的曲线，可以把该河划分为污水注入前的清洁区，注入后的水质恶化区、恢复区和恢复后的清洁区。

在污染河流中，有两个因素对水中溶解氧的含量产生影响：

（1）有机污染物分解作用耗氧和有机体呼吸耗氧，这一作用称为耗氧作用；

（2）空气中的氧溶于水，水生植物的光合作用放出氧等使水中富集氧，溶氧值增加。

空气氧溶于水的作用叫做曝气作用（或复氧作用），耗氧作用和曝气作用的综合决定着水中的实际溶氧值。

如果只考虑耗氧作用，则河水中的溶解氧在污水注入后 1.5

日就会降到最低。由于实际上同时产生曝气作用，不断向水中补给氧，所以该河流中的溶解氧曲线最低点不是在 1.5 日或 18 英里处，而是在 2.5 日或 30 英里处，并且此处的溶氧值不是为 0，只降到 1.5ppm。

如果流入的污水量和浓度全年没有大的变化，河流的流量也保持不变，则溶解氧曲线最低点的位置便主要由水温决定。水温高时溶入的氧量会降低，所以夏季（水温大约 25℃时）溶解氧最低点将出现在图上最低点的左方；水温低时，溶入氧量会增多，所以冬季溶解氧的最低点会出现在图上最低点的右方。

在溶解氧降低到最低点的区域，对溶解氧要求较多的生物将会产生窒息，或者逃出本区到溶解氧较高的区域。

水体中植物营养物的来源

自然情况下，因为雨、雪对大气的淋洗和径流对地表物质的淋溶与冲刷，总会有一定量的植物营养物进入水体中，但数量非常有限。在通气良好的地表水中，磷化合物（H_2PO_4、HPO_4 等）的数值也大致在这个范围内。天然水中过量的植物营养物质主要来源于农田施肥、农业废弃物、城市生活污水与某些工业废水。但施用的肥料只有一小部分被农作物吸收。据测，一般最大吸收、利用率都低于 50%，少数甚至不到 20%。大量的营养物被农田排水和地表径流带到地下水，汇入地表水。研究结果表明，许多地区河、湖水中硝态氮的含量与上游地区前一年的农田施肥有关。河流中的氮含量同农田施肥之间出现的"滞后现象"，是由土壤中肥料的淋洗大部分先进入地下水，然后汇入地表水中。农业废弃物（如：植物残体、牲畜粪便）是水中有机氮的另一个来源。城市生活污水和工业废水（毛纺加工、制革、造纸、印染和食品加工等）中含有大量植物营养物。据统计，每人每天带到生活污水中的氮约 0.5 克，含磷洗涤剂的大量使用（洗涤剂中多聚磷酸盐用作软水剂，使水软化并显碱性）使水中含磷量增大。污水一般来自洗涤剂的正磷酸盐含量为 32%～70%。所以天然水中总磷酸盐的 16%～35% 来

源于洗涤剂。洗涤剂对环境中的富营养化的影响是肯定的，但它们影响的程度究竟有多大，仍然有争论。

环境中，尤其是天然水中植物营养物除 N、P 外，还有 O、S 及其化合物和某些微量元素（Cu、Fe、Co、Mn）。在大多数情况下，元素进入环境的生物化学循环。一般水中元素的含量及营养物的分布由季节及生物的活动能力决定。

以无机态存在的营养物在物质转化中转变成有机态，它们是营养物循环的基础，并在一定营养水平上进行元素的迁移。在一定营养级水平上，生物死亡、有机物分解，元素又转化成无机态，如此循环完成营养物的闭路循环。在春天、夏天，生物活动能力旺盛，水中营养物含量降低。到了秋、冬季节，生物活动能力降低，生物死亡、分解，水中营养物浓度则上升，为下一个春、夏生物活动进行充足的物质储备。

土壤过分流失，土地荒漠化扩展

土地资源保护是通过法律的、行政的和科学技术等手段，保护土地资源不被破坏的工作。它的根本措施是植树造林，对已开发利用的土地资源，坚持因地制宜、合理耕种、保护培养，并节约用地，防治土地沙化、盐碱化；对已开垦的土地，如山地、海涂等必须进行综合调查研究，做出全面安排和统筹规划，使海涂得到合理的开发和利用。

目前，全球土壤破坏现象非常严重。研究表明，在自然力的作用下，形成 1 厘米厚的土壤需要 100～400 年，而全球土壤流失量已超出了新土壤的形成量，增加到每年 254 亿吨。联合国统计，现在全世界有 35% 的陆地面积出现荒漠化，2/3 的国家面临荒漠化威胁，而且荒漠化土壤正以每年 5 万～7 万千米的速度迅速扩大。

中国的土地问题严重，主要包括：

1. 土地退化的态势分析

（1）水土流失变化分析

根据全国第二次土壤侵蚀调查，我国水土流失总面积是 356

47

万平方千米，其中，水蚀面积达到165万平方千米，风蚀面积大约为191万平方千米，在水蚀和风蚀面积中，水蚀和风蚀交错区水土流失面积大约为26万平方千米。与20世纪90年代相比全国水蚀面积减少了14万平方千米。中度以上的水蚀面积从88万平方千米减少到了82万平方千米，强度以上的水蚀面积从38万平方千米减少到了27万平方千米。全国风蚀面积约增加了3万平方千米。中度以上的风蚀面积从94万平方千米增加到了112万平方千米，强度以上的风蚀面积从66万平方千米增加到了87万平方千米。

（2）荒漠化土地的变化分析

第三次全国荒漠化和沙化监测结果显示，2004年，全国荒漠化土地总面积大约是263.62万平方千米，相当于国土总面积的27.46％。其中，风蚀荒漠化土地面积约183.94万平方千

水土流失

米，相当于荒漠化土地总面积的69.77％；水蚀荒漠化土地面积25.93万平方千米，占9.84％；盐渍化土地面积17.38万平方千米，占6.59％；冻融荒漠化土地面积36.37万平方千米，占13.80％。

2004年全国荒漠化土地面积与1999年相比，减少了37924平方千米，年均减少7585平方千米。其中风蚀荒漠化土地减少33673平方千米，水蚀荒漠化土地减少5525平方千米，盐渍化土地增加930平方千米。在荒漠化程度上，轻度荒漠化土地面积增加9.07万平方千米，中度荒漠化土地面积增加11.73万平方千米，重度荒漠化土地面积减少13.17万平方千米，极重度荒漠化面积减少11.42万平方千米。

2. 土地退化的区域比较

(1) 水土流失的区域比较

我国的水土流失主要集中在中西部地区，西部地区的水土流失面积达到 293.74 万平方千米，相当于全国水土流失总面积的 82.6%。其中水蚀面积约为 106.84 万平方千米，风蚀面积为 186.89 万平方千米，分别相当于全国水蚀和风蚀总面积的 64.8%、98.0%。其中新疆、内蒙古、甘肃、青海、四川、云南、陕西、西藏等省区水土流失面积均达到 10 万平方千米以上。

(2) 荒漠化土地的区域比较

我国荒漠化在河北、山西、内蒙古、辽宁、吉林、山东、河南、海南、四川、云南、西藏、陕西、甘肃、青海、宁夏、新疆、北京、天津 18 个省（自治区、直辖市）的 498 个县（市）不同程度的发现，区域自然和经济条件比较差，生态环境脆弱。荒漠化主要集中在新疆、内蒙古、西藏、甘肃、青海、陕西、宁夏、河北 8 省（自治区），面积分别为 107.16 万平方千米、62.24 万平方千米、43.35 万平方千米、19.35 万平方千米、19.17 万平方千米、2.99 万平方千米、2.97 万平方千米、2.32 万平方千米，8 省（自治区）荒漠化面积相当于全国荒漠化总面积的 98.45%；其他 10 省（自治区、直辖市）约占 1.55%。同 1999 年相比，内蒙古、新疆等 16 个省（自治区、直辖市）的荒漠化土地面积都有减少。其中，内蒙古减少 16059 平方千米，新疆减少 14226 平方千米，河北减少 4029 平方千米，宁夏减少 2329 平方千米，甘肃减少 1900 平方千米，陕西减少 1257 平方千米，辽宁减少 772 平方千米，吉林减少 231 平方千米，山西减少 149 平方千米。

与 1999 年相比，全国荒漠化和沙化动态变化的区域包括以下几种类型：

①原来就已好转现在继续好转的区域。包括科尔沁沙地、宁夏平原、毛乌素沙地南缘等地区，表现为沙化面积逐渐减少，植被盖度增加，生态状况进一步好转。

②原来沙化扩展现在变为好转的区域。包括浑善达克沙地、

河北坝上等地区。通过在这两个地区实施京津风沙源治理工程，沙化扩展趋势得到缓解，植被显著恢复，生态状况显著改善。

③原来沙化扩展剧烈现在扩展缓慢的区域。包括塔里木河下游、黑河下游等地区。这两个地区在通过应急输水和治理后，局部范围植被有了恢复，植被衰退、绿洲萎缩态势得到一定控制，但离完全恢复还有很大距离。

④原来沙化扩展现在仍在继续扩展的区域。主要包括甘肃民勤绿洲、三江源头、黄河首曲等地区。由于受到资源利用不当和干旱的共同影响，这些地区沙化土地依然在继续扩大，生态状况进一步趋向恶劣。

土地沙漠化

3. 土地退化的原因

土地退化成因分为自然因素和人为因素两种，即在气候干旱等自然因素基础上，因人为不合理的经济活动而导致，主要有以下几个方面：

（1）不合理的种植结构和耕作制度

在一些农区土地利用中，因为种植结构和耕作制度的不合理，使土地生态系统与环境要素之间的平衡关系遭到破坏，造成一些地方的水土流失甚至沙化，导致区域土地资源不断退化，生产力明显下降。

（2）大规模的毁林毁草开荒

在不具备垦殖条件又没有防护措施的情况下，在干旱、半干旱和半湿润地区进行的农业种植，大规模地毁林毁草开荒，加剧了区域生态环境的恶化。由于土地退化地区，尤其是荒漠化地区经济不发达，交通不便，煤炭难以购进，农牧民主要以天然植物和畜禽粪便为燃料，其砍柴的方式通常是大片地连根挖掘，使地表植被和土壤遭到严重破坏，在风力作用下大面积

固定、半固定沙地非常容易变成流沙。

（3）草原过度放牧严重

草原只利用不保护，天然草场生产力低。由于人口增加和市场利益驱动，牧民一味地增加牲畜头数，使草场严重超载。牲畜的过度践踏，使其地表结构受到破坏，导致风蚀沙化。新中国成立以来，我国牧区牲畜由 2900 万头增加到 9000 多万头，草原面积则因开垦破坏和沙化减少了 667 万公顷，放牧现象非常严重。

（4）对水资源的不合理开发利用

一些地区地下水由于大规模开采，遭成水位急剧下降，使大片沙生植被干枯死亡。在内陆干旱区，因为河流上中游用水过多，导致下游河湖干涸，荒漠扩大。在沙漠边缘地区，由于超采地下水，植被枯萎，导致土地沙化。在大中型灌区，因为灌溉不当，地下水位上升，使土壤次生盐碱化加剧。

改进中国土地资源的保护与治理

1. 土地资源保护与治理中存在的问题

土地退化是我国最为严重的生态环境问题之一，虽然目前土地退化趋势已在局部地区得到控制，但很多重点土地退化省区和经济落后地区仍在加速开发土地，土地退化依然是一个严峻的问题。目前，土地资源保护与治理中存在的主要问题表现在：

（1）退化土地面积较大，防治任务困难。目前仍有大约 200 万平方千米水土流失面积需要治理，根据目前的防治速度，大约需要半个世纪的时间才可以得到初步治理。

（2）水土流失强度较大，一些重点土地退化地区没有得到优先集中治理，生态环境恶化的形势尚未得到根本控制。

（3）片面追求区域经济增长，边治理边破坏的现象依然存在，对水土资源和生态环境持续造成压力。

（4）土地退化治理模式有待于完善，避免荒山荒地资源被资本大户垄断，使具有治理退化土地经验的贫困农户按时获得

土地资源的使用权。因此，必须进一步优化土地资源综合整治措施体系，化解土地资源保护与治理中出现的这些问题，以推动土地退化防治的进程。

2. 土地资源可持续利用的途径

土地资源退化防治以恢复和改善生态环境为主，同时结合资源开发和产业建设。土地退化的治理需从投资机制、管理机制、激励机制等方面系统的创新，以达到有效遏制土地退化，将土地资源可持续利用的目标。

（1）优化农、林、牧产业之间及其内部结构

农业结构的调整不仅是对退耕还林还草、种植业和畜牧业等内部结构的调整，还要合理修建水库和灌排系统、营造农田防护林网，用来提高农业生态经济系统的承载力。应在农作物之间开展立体种植，实行间、套、复种；改良天然草场、建设人工草场及人工饲料基地；使林种和树种结构优化，使农田防护林、水土保持林比例增加，积极发展经济林和薪炭林。注重浇、灌、草割相结合，推广针阔混交林，提高造林的抗逆性。

（2）推进土地退化防治的重点工程建设

加强水土保持、防沙治沙等重点工程的建设，落实工程建设责任制，健全标准体系，突出工程质量，严格资金管理，加强成果管护，确保工程平稳推进。建设水土保持、防沙治沙综合示范区，使点带片，用片促面，构建土地退化防治由点状拉动到组团式发展的新格局。

（3）强化土地退化的法制化管理

在防治土地退化过程中，要加大执法力度，提高执法水平，严格实施禁垦、禁牧、禁樵等措施，禁止边治理、边破坏的资源开发利用方式。农牧民可依照当地实际情况，将防治土地退化的内容纳入乡规村约，以规范土地退化地区的生产建设活动。

（4）探索土地退化防治的制度创新体制

建立一套规范的资源有偿使用和生态效益补偿机制。对大幅度改善生态环境的资源利用者实施奖励，例如奖励其一定面积的沙荒地，并在数年内缴土地使用税；对破坏生态环境的资

环
境
科
学

源者则严厉惩罚，罚款数额要大于其替代收入。为合理调节生态公益经营者同社会受益者之间的利益关系，应在土地退化地区尽快建立生态补偿制度。

（5）建立土地退化防治的技术体系

在土地退化地区实施水土保持、防沙治沙等实用现代科学技术，加强技术示范和推广工作，在土地退化地区建立高层次、高质量、高效益的立体生态农业发展模式。

防风治沙成果

同时，健全土地退化监测和预警系统，对重点工程实施跟踪监测，对工程实施效果进行科学评价。

（6）开展土地退化治理主体的能力建设

土地资源可持续利用的一个关键性因素，是土地资源保护与治理主体的能力建设。土地退化防治包括农业、林业、环保、水利、国土资源等许多部门和企业及农民，要求政府部门在提高自身业务水平的同时，对各治理主体开展培训、教育等活动，使其共同参与和密切配合，发挥自己的作用，以确保土地退化防治工作顺利实施并取得重大成效。

要弄清什么是荒漠化，必须先弄清什么是荒漠。

翻开《辞源》，有关"荒漠"这个词条的解释是"气候干燥、降雨稀少、蒸发量大、植被贫乏的地区"。

阿拉伯半岛是世界流动性沙漠最集中的地方，沙漠几乎遍布整个半岛，面积有130万平方千米。其中鲁布尔哈里沙漠77万平方千米，是世界上最大的流动性沙漠。

帕米尔高原以西，从我国新疆到蒙古国，再到我国东北西部的戈壁，大约129.5万平方千米，老一辈地学工作者称之为"瀚海"，是世界上最大的砾漠和石漠。

太阳辐射、空气和水是生命存在的基本条件。太阳照射的不均匀、空气流动、水分循环演绎出了地球上千变万化的气候条件，形成荒漠的基本原因是缺乏降水。

世界上的荒漠主要分布在三类区域：①南、北纬15°～35°之间的亚热带信风带，这里常年被高压控制，天气和风向比较稳定，常年吹刮自陆地向海洋的干旱风，雨量稀少，这类荒漠能够直接到达海岸边，撒哈拉沙漠、鲁布尔哈里沙漠就是这种热带、亚热带沙漠；②集中在温带的内陆区，远离海洋，同时有高大山脉阻挡，海洋湿润的空气很难抵达，降雨稀少，地势比较低下，包括我国西北沙漠的中亚地区就处于这种温带大陆内部荒漠；③地球的南北极和世界屋脊青藏高原，主要因常年冰雪覆盖，低温使生物无法生长，为寒冻荒漠。

赤道的两侧南北纬15°～35°之间的热带、亚热带，就是南北回归线附近，为何形成荒漠呢？

地球赤道附近一年四季会有近乎直射的太阳辐射，地面反射作用较强，近地面空气受热膨胀变轻上升，上升过程中随着空气降温经常下雨，所以赤道带的气候称为热带雨林气候。

随着赤道带空气的膨胀上升，赤道空气压力降低，两侧的气流向赤道补充。而赤道带升空的气流从高空向两侧地区下沉，已经损失了大部分水汽的空气下沉中受热膨胀，空气密度变小，异常干燥，这就形成了行星风系的干燥带——亚热带干燥带。

赤道带高空下沉的气流抵达低空以后分别流向两边，一部分气流向赤道流去补充上升的空气，在地球自转影响下的北半球变为东北风（称为东北信风），南半球变为东南风（称为东南信风）；另一部分气流向极地方向流去，同样受地球自转的影响，北半球的先是转向西南，进而转变为西风，并同从（北）极地吹来的西北风集成强大宽阔的西风带，南半球的先是转向西北，然后转成西风汇合（南）极地吹来的西南风，形成西风带。从中我们应当注意的是，一般上升气流控制的地域会经常下雨；下沉气流控制的地域的空气则是干燥的。

地球的地形起伏也会出现这种情况，一股带有水汽的气流经过一座高大的山体时，迎着气流（风）的一面气流要上升爬坡，空气变冷密度缩小，湿度相对变大，空气中的水汽变为降

雨；气流翻过山脊，气流变为下沉气流，变得干燥炎热。这种现象称为"梵风效应"，经常处在气流路径高大山体后面干旱的区域称为"雨影区"。我国江南地区的纬度，23°日照北回归线从台湾省嘉义、广东省汕头和广州市北、广西壮族自治区的梧州市、云南省的蒙自穿过，北纬35°已到达陇海铁路（连云港——郑州——天水）以北，这就是说根据以上所说的行星风系，我国江淮和江南地区应处于亚热带干燥带范围，自然景观应和西亚、澳大利亚一样同为亚热带荒漠。但为何情况完全不同呢？这就是青藏高原隆起的作用。

地质学家认为，世界现代的海陆分异和相对位置形成于1亿年前，那时候欧亚大陆、非洲大陆、印度次大陆是分离开来的，这三块陆地之间有一片海，叫做古地中海。

根据地质学家在我国江南的地层中找到的地层证据来看，没有青藏高原的南中国内地与西亚一样是一派干旱的亚热带荒漠景观，而江南的一些红色砂岩是沙漠沉积。

在2500万年前，这里的地理情况发生了很大的变化，因为印度大陆板块不断向欧亚大陆移动靠拢，地中海逐渐消失隆起，从一片汪洋成为陆地，并迅速上升，到300万年前上升到大约4000米的高度，这样一个高大的高原

红色砂岩

屹立在世界的东方，将整个东亚乃至世界的大气环流格局彻底打乱了。

青藏高原占据了亚洲行星风系西南信风和西风带南部的位置，第一，把亚洲干旱区的位置向北挤压，使之分布到了温带地区；第二，西风吹过高原出现绕流，从南侧绕过高原的变为一支和暖的西南气流，北侧绕过高原的气流与从极地南吹的西

北气流汇合，经常以寒流形式出现；第三，形成了亚洲东南季风，随着热季的到来向北扩展，并在夏秋形成热带风暴，登陆方式为台风。东南季风影响到整个东亚。

前面说过我国最早的文献记录对各种荒漠只有一个称呼——"沙漠"。

环
境
科
学

沙漠二字拆开即为"水少"、"水莫"。"莫"在古汉语里是"无，没有"的意思，如《论语》"子曰：'莫我知夫也！'"《论语》"国人莫敢言"（《国语》）。可见古人对荒漠的性质已经有了较为深刻的体会。然而在科学进步的今天，竟然有专家认为我国西北地区不缺水。细细听来，原来是他们"以人为本"，将人均占有水资源量与全国比较而得出的。我国西北干旱区的特点是地广人稀，只以人均占有量计算，把天然降雨与其可能转化的地表水、地下水都算到人头上去，恰恰是"重小轻人"，忘记了"大地的呼吸"——大地维持生态平衡需要最起码的水量。还有人把茫茫沙海理解为"水的生态链条已经断裂，不需要水的没有生命的东西"。这种观点是错误的。正由于这是一片干渴的土地，它对水的释放是吝啬的，如果继续现有的生态环境，就不会给人留有多余的生活、生产用水。

中国的干旱区有330万平方千米，荒漠有160万平方千米，除了青藏高原的寒冻荒漠外，大部分集中在西北，属于温带荒漠。一般而言，降水是区域水分的主要来源，降水量多则成为湿润的区域，降水少的区域就成为干旱区。我国西北地区，降水稀少，年降雨量在200毫米以内，新疆吐鲁番盆地的艾丁湖、塔里木盆地南缘的且末、青海柴达木盆地的冷湖等地的年降水量仅仅为十几毫米，甚至多年不下雨，成为欧亚大陆干旱中心。缺乏降雨与地理位置、大气环流系统、大区域地貌特征等复杂因素相关。

从草原向沙漠的发展过程

以风沙活动为标志的现代沙质荒漠化过程，大致可以分为四种。

（1）沙地活化过程。这一过程指的是在历史时期形成，并且已经固定的沙漠，植被被破坏以后，沙地（丘）重新流动的过程。在我国北方东部，特别是科尔沁、浑善达克和呼伦贝尔沙地在沙丘的剖面中都能看见3～6层古土壤层，说明沙地或局部曾有过多次固定和活化的反复，原因归结于气候条件的波动。对现代沙漠化过程来说，大多是人为的行动导致，所以活化多发生在农地周围的沙质农田、居民点、牲畜饮水点附近和交通线。

沙地活化过程中形成的风沙地貌形态严重受原始形态的制约，但又不是原来流动沙丘地貌的再现，大多出现新的形态特征，抛物线沙丘就是在沙丘活化过程中产生的典型的新形态。这与常见的新月形沙丘方向是相反的，沙丘的缺口向着风向。是在有植被生长，固定半固定情况下发展起来的。固定沙丘的迎风坡遭到风蚀，出现"破口"，渐渐形成风蚀坑，吹蚀的沙子渗入气流，越过固定沙丘的定点以后在背风坡堆积。风蚀坑的发展逐渐把原来比较圆的沙丘转变成抛物线形，抛物线的定点随着风蚀坑的发展，不断后退，沙丘逐渐呈"U"形，顶点最终可能被蚀穿，形成两列顺风向延伸的纵向沙丘。

沙丘活化过程中植被覆盖度和种类的减少是很明显的。植物带原始植被类型和各变化阶段的植被类型都不同，植被演替的总趋势是相同的。①群落结构由复杂至简单，层次逐渐减少。例如在我国科尔沁草原的东南部，固定沙地的植被有乔木层、灌木层，随着环境条件的改变，乔木层首先消失，到流动沙丘阶段就没有稳定的植被，只在背风处有比较耐沙坪的"流沙先锋"植物如沙米零星分布；②植物的植株逐渐低矮、稀疏，干物质积累少，生物量（叶、茎、根的生长总量）越来越少；③植物品质从优到劣，主要表现在禾本科和豆科可食性的比例减少（大多数禾本科和豆科植物的干蛋白物质含量高，是优良的牧草，所以草原质量优劣往往取决于禾本科和豆科植物的相对数量）。

因为沙丘重新受到风蚀，固定阶段形成的土壤腐殖质层不断被风蚀损失，导致缺失。整个土壤层在风的分选中，细小颗

粒不断损失，颗粒粗
化，并且细小颗粒作
为土壤养分（有机质、
全量养分、微量元素）
和其载体一道吹蚀，
土壤养分越来越少，
导致土壤越来越贫瘠。

海岸侵蚀

植被减少，沙直
接暴露于风作用下，
风中所含沙量越来越
多，原来需要大风才能够吹起的沙子现在只要微小的风就能够
吹起。

（2）草原灌丛沙漠化过程。该过程大多在原非沙漠或沙地
的外围的沙质或砾质草原上出现。是指沙质草原上灌丛沙堆形
成、发展，物质富集，最后形成沙质荒漠的过程。

我国北方农牧交错地区的原始自然景观包括疏林草原、干
草原和荒漠草原，土质在草场过牧退化后变得坚硬瘠薄，牧草
退化，硬质灌木出现。在风力强劲的风沙环境中，灌丛对风沙
有阻挡作用，夹带在风沙流中的砂粒在灌丛下停积，形成小型
沙堆。因为沙的储水条件好，有枯枝落叶变成植物生长的养分，
所以灌丛的生长条件较好，茂密的灌丛和密集的沙堆代替了原
始的草原景观。这里的草原景观与固定沙地景观相似。或因灌
丛沙堆自身的发展规模过大，水分供应开始困难；或因人为破
坏灌丛大批死亡时，草地从固定沙地演化为半固定沙地，所以
为流动沙地景观。

由于地带性植被生长的自然条件不同，灌丛的植物种也就
不相同，发育成熟的灌丛沙堆的规模差别也很大，在我国东部
农牧交错带，最多的是锦鸡儿沙堆，大部分沙堆高度 1 米左右，
直径 1.5～2 米；而在新疆塔克拉玛干沙漠边缘的红柳沙包高度
一般可达 7～8 米，直径 10 余米，天山南麓洪积扇前缘还有高
达 10 米以上的高大红柳沙包。

通过野外观察和室内模拟试验，灌丛沙堆的初期形成阶段

如下：①沙条阶段。顺风形成高度仅几个厘米，长宽比数十倍。②沙嘴阶段。呈以灌丛直径为底的等腰三角形，高度大多不超过 35 厘米，最宽处 50～60 厘米，长宽比 5～10。③沙堆阶段。沙嘴下风向延伸部分持续缩短，高度持续增长，最后成为大头朝向主风向的卵形，剖面形态为流线型，长宽比小于 2。④沙包阶段。形态变化不大，因为沙堆积蓄水分，植物繁殖遍布整个沙包，沙堆不断被增高、加大，最终形成成熟的小型沙丘（包）。

一年一度的风沙季节和灌木落叶季节交替形成沙丘层理，从沙堆层理沙层和落叶层的相对厚度等能够推出灌丛沙堆形成时的环境变化。灌丛沙堆的层理为倾斜层理，大多以沙丘顶部为中心，分别向迎风坡和背风坡风向倾斜。层理的倾角由底部向顶部渐大，下部为 7°～9°，上部可达 18°～22°。组成沙堆的砂粒通常迎风侧比背风侧粗，中心比外围粗。前者与迎风、背风面的风况差异有关，后者是因为沙包的发育成土作用渐强造成的。

（3）土层风蚀粗化过程，该过程指的是土地受到风蚀后表层土壤结构破坏，细粒物质遭损，粗粒物质相对增多，土壤性能变差，肥力受损，地力衰退，整个生态系统开始退化并出现风沙微地貌的过程。

地区可能损失土层或土壤颗粒大小由当地一般风力、地面覆被状况、水分状态等来定。沙漠化地区只要直径大于 2 毫米的沙粒级颗粒都可以在风力下产生移动，这些在研究风蚀时被叫做可蚀因子。但对一个大的区域来说，主要损失的还是粉尘（颗粒直径小于 0.05 毫米），因为只有细小的颗粒才能上升到高空，随风被吹向远方。而一般沙粒是贴地面向下运动在附近堆积。从区域的观点看是"就地起沙"。更粗的不可蚀因子则在原地停留。

临近戈壁的地区风大，表土层受损的颗粒也大。而留下来的颗粒多为细砾级颗粒（直径大于 2 毫米），我们称为砾质化。在我国干旱、半干旱区沙漠或沙地南侧的沙漠黄土过渡地带，土层沉积为沙质黄土，风力也没有戈壁地区大，风蚀损失掉粉

尘部分，剩下沙粒。同样是风蚀，但在这里进行的是沙化。在自然的情况下，如果地面粗化，就对下面的土层起到保护作用，但是在人为对土地年复一年的耕作干扰下，直到整个耕作层粗化才可能停息。

（4）土壤的不均匀风蚀切割——劣地的形成过程，这种沙漠化的形态一般是从风蚀坑发展起来的，在泥土沉积的地区发育。原野上一旦发育风蚀坑，在坑壁有微小的陡坎出现，就对风产生干扰，使之产生涡流（近似通常说的"旋涡"），这种涡流对地面产生不均匀切割使地面愈发不平坦，最后会导致中型的壁坎、土柱等出现，向着近似"雅丹"的形态发展。

根据风蚀劣地出现部位可划分为：①洼地型，在较宽阔的山间洼地中分布，由湖沼相和风积相地层组成，地层颗粒细，泥钙质较多，水平层理显著；②浅沟谷洼地型，细土沉积物以风成沉积为主，与黄土沉积的垂直节理发育相似，往往在支沟汇合处气流易形成涡流，劣地地形也最为发育；③山麓型，在丘陵山地迎风坡分布，以坡积物组成为主，因此下部夹有碎石，陡壁上平行斜坡的古土壤层很明显。

风蚀劣地是风对地面切割造成的风，在形成过程中起主导作用，经调查发现，我国东部风蚀劣地小型壁坎的形成大多是人为的，如在内蒙高原村落附近分布较多，经调查是在人工取土坑的基础上发育起来的，甚至，人工修筑的路堑也能发育为风蚀劣地。

所以沙漠化过程，由它最后可能达到的地形形态景观可以划分为：沙质沙漠化、砾质化和劣地化。

森林锐减，生物多样性减少

1. 植物资源

中国植物种类非常多。种子植物（裸子植物和被子植物）大约有2.5万种，其中裸子植物为200多种，相当于世界的1/4，被子植物近3000个属。木本植物有7000多种，其中乔木约有2800多种。水杉、银杏、金钱松等保存下来的中国特有的古生物种属，是"活化石"。在东部季风区，有热带雨林，热带季雨林，中、南亚热带常绿阔叶林，北亚热带落叶阔叶常绿阔叶混交林，温带落叶阔叶林，寒温带针叶林，以及亚高山针叶林、温带森林草原等植被类型。在西北部和青藏高原地区，有干草原、半荒漠草原灌丛、干荒漠、草原灌丛、高原寒漠、高山草原草甸灌丛等植被类型等。

中国的农业史有 5000 年，中华民族先民培育更新了很多植物品种，如谷稷、水稻、高粱、豆类、桃、梨、李、枣、柚、荔枝、茶等，为人类农业发展做出了非常大的贡献。多种栽培植物与繁多的原始天然植物一起，让中国成为世界上植物资源最丰富的国家之一。按经济用途划分，中国用材林木约有 1000 种，淀粉植物 300 多种，油脂植物 600 多种，蔬菜植物 90 余种，药用植物 4000 多种，果品植物 300 多种，纤维植物 500 多种，同时还有最著名的观赏植物梅、兰、菊、牡丹等。中国是世界上植物资源最丰富的国家之一，仅次于马来西亚和巴西，是世界第三位。

2. 动物资源

我国是世界上野生动物种类最多的国家，仅脊椎动物就约有 4880 种，相当于世界总数的 11%。其中包括兽类 410 种，鸟类 1180 种，爬行类 300 种，两栖类 190 种，鱼类 2800 种。大熊猫、金丝猴、白鳍豚、白唇鹿、扭角羚、褐马鸡、扬子鳄、朱鹮等，是中国特有的珍稀动物；东北的丹顶鹤，川陕甘的锦鸡，滇藏的蓝孔雀，以及绶带鸟、大天鹅和绿鹦鹉等，是非常名贵的珍禽；昆虫中的蝴蝶，在台湾、云南、四川等地，也有很多名贵种类。

3. 资源锐减问题

据估算，地球上原有森林面积 7.5 ×

酸雨对鸟类的危害

10^5 亿平方米，因为人类长期滥砍、滥伐，毁林开荒，目前只剩 3.67×10^5 亿平方米，损失超过了 50%，而且每年仍以 1800 亿平方米的速度在消失。如果按照此速度一直毁林，热带森林在 177 年后将全部被毁。森林砍伐使土壤质地变差，土壤流失，也使大量生物物种消失。据调查，因为森林破坏和滥捕乱杀等原因，地球上 52% 的海洋生物种类、81% 的爬行动物已经灭绝。有人预测，20 世纪以来，每天至少有 1 个物种消失。到 2025 年，将有 25% 的物种陷入绝境，6 万种植物濒临灭绝，物种灭绝总数将达到 66 万～186 万种。物种的消亡，破坏了生态平衡，对人类的发展将有无法估量的损失。

酸　雨

环境科学

雨水中含有一定数量的酸性物质（H_2SO_4、HNO_3、HCl 等），且 pH<5.6 的自然降雨现象称为酸雨，包括雨、雪、雹、露等。酸雨是 SO_2 与 NOx 在空气或水中转化为硫酸与硝酸所造成的。这两种酸占酸雨中总酸量的 90% 以上。据报道，国外酸雨中硫酸与硝酸之比为 2：1。中国因为对高硫煤及脱硫技术的使用尚未普及，所以以硫酸为主。我国贵州、四川等地的酸雨情况比较严重。酸雨的主要危害：

1. 对人体的健康的影响。一方面是通过食物链，使汞、铅等重金属直接进入人体内，多年的观测和发现，酸雨会导致癌症的发生和老年痴呆症的出现。另一方面是酸雾会进入人体的肺部，导致肺部各种疾病的发生，比如水肿，严重时可使人体呼吸枯竭，甚至直接死亡。第三个方面，

气候变暖和酸雨危害

如果人们长期生活在含酸性物质的环境中，人体内会产生过多的氧化脂，这种物质可使动脉硬化、心脏病等疾病发病的概率增加。

2. 使土壤酸化，生物的生产量下降。酸雨降落在地表以后，直接污染土壤，使原有的土壤变成了强酸土，尽管人们在用各种办法去降低其酸性，有了一定的效果，但是效果并不显著。而强酸土最直接的危害是，抵抗硝化细菌和固氮菌的正常活动，从而使有机物分解速度变得缓慢，营养物质循环过程变弱。使土壤肥力降低，导致土壤的生产力下降，同时有毒物质更加毒害农作物的根系，使植物根中的根毛衰竭，造成死亡，致使农作物发育不良或死亡，生态系统生物的产量大幅下降。

3. 使河湖水酸化。抑制水生生物的生长和繁殖，它能直接杀死水中的浮游生物，使鱼类的食物来源减少，使水生生态平衡失调，使水中的生物比例和种类失衡，继而严重影响水生动植物的正常的生长、发育和种族的繁衍。

4. 对森林的影响。酸雨对植物表面的茎叶淋浴和冲洗，能够直接或间接对植物造成伤害，使森林衰亡，并导致各种病虫灾害频繁发生，从而使森林大片死亡。

5. 腐蚀建筑物和文物古迹。酸雨容易对水泥、大理石等建筑材料造成腐蚀，并且容易使铁金属表面生锈，建筑物受损，比如公园中的许多雕刻及许多古代建筑物都容易被酸雨腐蚀，其原有的容貌将被改变。

融雪剂污染水源是应急机制之漏洞

冰冻天气导致交通困难，处理不当或不及时，都会影响城市、国家的经济发展甚至造成局部交通瘫痪和大面积事故。在这个节骨眼上，千方百计保证交通畅通可能成为最迫切的工作，因此，从融雪效能、速度和效益方面考虑，氯盐融雪剂一般会成为人们的首选，而使用融雪剂将给环境带来怎样的影响往往就疏于考虑了。然而，科学抗灾理应考虑周全，即使面对五十年一遇的冰冻天气，哪怕情况万分紧急，也应该尊重环保和疾

病防控中心部门专家的意见，否则，灾害过后，次生环境污染将会造成更加惨重的损失。

比如一次春运期间，撒落高速公路的千吨融雪剂，让广东韶关水源变得苦咸发涩，很多村民饮用后相继出现了发烧、喉咙痛等症状。五十年不遇的雪灾恰逢春运，保障道路通畅虽然是救灾工作的重中之重。但要完成"保路"任务并不是只有使用融雪剂一种办法，人工除雪、撒稻草、撒煤灰等都是可选的办法。与之相比，撒融雪剂尽管效率更高，但污染却最大，应当排在选择序列的末位，作为万不得已时的备选方案，而不是主要抗灾措施。但是，融雪剂在各地动辄千吨、万吨地大量使用，证明一些官员的救灾理性没有得到充分发挥，而只是注重于任务的完成。

融雪剂居然成了水源污染的祸首，这向人们敲响了处理突发灾害应急机制不完善的警钟。百年一遇的积雪堵塞高速公路，一些地方有关部门只顾着撒融雪剂以求快点化雪，疏导南北交通大动脉京珠高速路上的滚滚车流，殊不知融雪剂这把双刃剑，在缓解了交通的同时，也污染了公路沿线的水源，给当地居民生产和生活造成了很大的危害。

自然灾害固然无法避免，人为的灾害却必须禁止。我们不能单纯为了抗击雪灾而抗击雪灾，甚至在没有"穷尽一切手段"的情况下，不惜以制造灾害的方式来抗灾。某种意义上，大量使用融雪剂来抗灾，会使灾后发生严重的环境污染，不仅检验着官员们在大灾面前的"科学救灾观"，事实上也从另一个角度变相检验着政府官员所真实领悟到的科学发展观。所以，融雪剂污染应该成为一个深痛的教训和深刻的反思，而并不仅仅是在抗灾救灾的意义上。

目前，人们使用的融雪剂主要有两大类，一类是以醋酸钾为主要成分的有机融雪剂，这一类融雪剂融雪效果好，没有什么腐蚀损害，但价格很高，主要用于机场路面，用于高速公路或城市道路融雪不现实。而另一类则是氯盐类融雪剂，包括氯化钠、氯化钙、氯化镁、氯化钾等，通称作"化冰盐"，优点是价格便宜，仅相当于有机类融雪剂的 1/10，但对工程和绿化都具有不同程度的伤害，而且污染水源。

环保部门专家认为，一般情况下，在人口居住密集区，融雪剂除雪融冰必须慎用。每当严寒来临，北方城市的人们可能会注意到城市道路两侧的绿地里会搭满各种架子给植物做"保暖罩"。这些"保暖罩"的主要功能就是为了防止融雪剂给树木带来的伤害。园林部门的统计显示，城市行道树死亡，大约80％是因为融雪剂。资料显示，美国由氯盐腐蚀破坏环境的成本相当于GNP（国民生产总值）的4％，与美国的国防开支几乎相当。每年美国用于修复被氯盐融雪剂腐蚀的工程费用超过2000亿美元，比初建费高4倍。在丹麦哥本哈根地区，调查了102座桥，其中50％有严重的钢筋腐蚀，主要原因是使用氯盐融雪剂。

"红色幽灵"——赤潮

赤潮又名红潮，被喻为"红色幽灵"，国际上也叫做"有害藻类"，是海洋生态系统中的一种怪异现象。它是由海藻家族中的赤潮藻在特定环境条件下爆发性地增殖造成的。赤潮发生后，海水变成红色。由于赤潮生物种类和数量的不同，有时海水可出现红、黄、绿等不同颜色。

鱼类吞食大量有毒藻类，可因缺氧而窒息死亡，同时会释放出大量有害气体和毒素，严重污染海洋环境，使海洋的正常生态系统遭到严重的破坏。

赤潮在特定环境条件下产生，相关因素很多，但其中一个

赤潮

非常重要的因素是海洋污染。大量含有各种有机物的废污水排

入海水中，使海水富营养化，这是赤潮藻类可以大量繁殖的重要物质基础，国内外大量研究显示，海洋浮游藻是引发赤潮的主要生物，在全世界4000多种海洋浮游藻中有260多种可形成赤潮，其中有70多种能生出毒素。它们分泌的毒素有些可直接使海洋生物大量死亡，有些甚至可以通过食物链传递，导致人类食物中毒。

赤潮是一种自然现象，也是人为因素引起的。由于现代化工农业生产的迅猛发展，沿海地区人口的增多，大量工农业废水和生活污水排入海洋，其中相当一部分不经处理就直接排入海洋，致使近海、港湾富营养化程度日趋严重。同时，因为沿海开发程度的增高和海水养殖业的扩大，也带来了海洋生态环境和养殖业自身污染问题；海运业的发展导致外来有害赤潮种类的引入；全球气候的变化也使赤潮频繁发生。早在2000多年前，中国就出现了赤潮现象，一些古书文献或文艺作品里已有关于赤潮方面的记载。如清代的蒲松龄在《聊斋志异》中就形象地描述了与赤潮有关的发光现象。

目前，赤潮已成为一种世界性的公害，世界上约有30多个国家和地区不同程度地受到过赤潮的危害，日本是受害最严重的国家之一。近十几年来，因为海洋污染日益加剧，我国赤潮灾害也有加重的趋势，从分散的少数海域，发展到成片海域，一部分重要的养殖基地受害很严重。对赤潮的发生、危害进行研究和防治，涉及生物海洋学、化学海洋学、物理海洋学和环境海洋学等多种学科，是一项复杂的系统工程。

非洲大旱灾

非洲大陆是一片古老的热土，以气候的干热性闻名世界。这里的大部分国家位于南北回归线之间，大多时候置于热带气温的控制下。这种特定的地理位置，使整个非洲1/3的地区年平均降雨量低于200毫米，干旱气候区面积位于世界七大洲之首，具有"干渴的大陆"之称。

20世纪以来，这个世界上最为贫穷的地区时常遭到自然灾

害的摧残，连年灾情不断，特别是旱灾越来越严重。

非洲撒哈拉沙漠以南的萨赫勒地区1968～1974年发生连续5年的大旱，大旱灾引发大饥荒，导致20多万人及数以百万计的牲畜死亡。在此期间，有的年份几乎

枯死的树木

不下一滴雨，使得田地龟裂，草木枯萎，河井干涸，大地生烟，哀鸿遍野，民不聊生；使国际上第一次下决心努力防治荒漠化。非洲的干旱并不仅仅在非洲出现，至少从撒哈拉沙漠经南欧、中亚，到我国中东部广大区域都出现了持续干旱。这次干旱由太平洋沿岸开始向西和南扩展，我国20世纪50年代末至60年代初也发生以旱灾为主的三年自然灾害；20世纪60年代初期中亚发生黑风暴；南欧的干旱出现在1963年，非洲的大旱则出现在1968～1974年，如果把这些现象联系起来，好像有以干旱为主的气候灾害在亚欧非大陆从东向西发展的迹象。

此后，灾连祸结，非洲大陆差不多每年都有旱情发生。进入20世纪80年代，干旱更为严重。1982～1984年又连续3年大旱，酿成了近代非洲史上百年不遇的特大旱灾。这场灾难开始于西非大旱，旋即迅速扩展到位于撒哈拉大沙漠西南部的地区，以及非洲东部和南部地区，形成了全洲性大旱灾。对生活在水深火热之中的非洲人民来说，无疑是雪上加霜，陷入了更为深重的苦难。这场大旱灾波及24个国家约占非洲大陆40％的人口。旱魔肆虐下，50多万非洲人失去了生命，600万人流离失所，被迫外出逃荒谋生，2亿居民在饥饿的死亡线上挣扎……

当时的报纸和电视台对非洲遭受酷旱的情况作了详细报道，那一幅幅触目惊心的画面，令人悲伤落泪！昔日生长着嫩绿禾苗的田地，如今已全部龟裂，像鳄鱼张大嘴巴要把人们吞噬那

67

样恐怖；昔日涓涓细流，如今已经枯竭，干涸的河床铺上了一层水中动物的干尸；骨瘦如柴的人们挣扎在垂危中；浑身打颤的牲畜随时都会倒毙；孩子们饥渴难忍的表情、垂危老人绝望的眼神、憔悴妇女低沉的悲泣、萎靡男人的无奈哀叹……构成了一部催人泪下的活悲剧。

埃及的尼罗河是一条美丽的河流，往年流水湍湍，支流纵横，灌溉农田，滋润禾苗，孕育着两岸人民。但是，这些年，尼罗河支流早已干涸，水位落到了历史的最低点，导致埃及阿斯旺水坝的发电机停止了转动，电厂被迫暂时关闭。

非洲撒哈拉地区的佛得角、塞内加尔、冈比亚、毛里塔尼亚、马里、布基纳法索、尼日尔、乍得等8国工厂关闭，学校停学，商店关门，社会生活几乎陷于瘫痪。

在莱索托的一个灾民聚集地，随处可以见到阴森可怖的悲惨景象：嗷嗷待哺的婴儿拼命地吮吸母亲干瘪的乳房，成群结队的饥民拖着孱弱的身躯向救济站蹒跚而行，衣衫褴褛的灾民望眼欲穿地等待着救援食品的到来，不时地见到一具具骨瘦如柴的尸体被人抬走……

位于非洲东北部的埃塞俄比亚，是一个中部隆起，边缘低陷的高原国家。高原占全国面积的 2/3，全国平均高度为海拔 2500～3000 米，有"非洲屋脊"之称。东非大裂谷从东北到西南纵贯全境，宽 100 多千米，深 2 千米，把高原切成两部分。北部、东北部和南部为沙漠和半沙漠地区，占全国面积的 28%。境内河流、湖泊大多数发源于高原，穿行在悬崖峡谷之间，形成许多急流瀑布，流入邻国，因而又有"东北非水塔"之名。

然而，就是这个被称为"非洲屋脊"和"东北非水塔"的埃塞俄比亚，在非洲 24 个重灾国中受灾最为严重。其受害范围之广，影响之大是前所未有的。一般情况下埃塞俄比亚全国年均降水量，高原为 1000～1500 毫米，低地和谷地为 250～500 毫米，而 1984 年埃塞俄比亚的降雨量减少了 60%～100%。全国 102 个县中，只有 7 个县没受灾，其他都遭到了旱灾的袭击。全国 14 个省中，有一半省份属于重灾区，湖泊干涸，河流断水，田地干裂，粮食的生产受到严重影响。1984 年，埃塞俄比

亚粮食约减少了 30％，为 170 万～200 万吨，有 900 万人口沦为灾民。据当时在联合国任助理秘书长的库尔特·詹森说："9 个月中埃塞俄比亚持续的干旱使饥荒蔓延，因饥饿和疾病而死亡的人数与日俱增，已超过 30 万人。"

在这场灾难中，埃塞俄比亚北部地区情况最为严重。这个地区原来就河网稀疏，长年缺雨，旱情不断。而且，多年来这个地区的一些省，如提格雷、贡德尔、活洛、绍河等水土流失严重，自然生态平衡被极大破坏，除了旱魃连续

水土流失的后果

侵袭外，虫灾、霜灾、麦锈等灾害亦依次降临，使农业生产受到了重大打击，粮食连年歉收，饥荒长期威胁着这里的人们。

莫桑比克位于非洲东南部海岸，西北高、东南低。西北高原、山地，占全国面积 31％；中部高地位于高原外缘，占全境 29％；东南部沿海平原，占全境 40％。这里原来雨量丰富，年均降水量为 500～1200 毫米。然而，连续多年的特大旱灾，使莫桑比克到处叶枯苗萎、牛羊倒毙。旱灾使这里的灾民增加到 450 万人以上，他们住在肮脏不堪、垃圾成堆、鼠害肆虐的贫民窟，没有足够的粮食和清洁的水，极其艰难地忍受着饥饿和疾病的袭击，死亡时常对他们的生命进行威胁。

安哥拉位于非洲南部西海岸，全国大部分地区是高原，平均海拔在 1000 米以上。太平洋沿岸一带是狭长的平原，海拔低于 200 米，地势东高西低。这里，全年分为两季，5～10 月为旱季。原来，境内水源充沛，水流湍急，年降水量从北部高原的 1500 毫米渐渐往南减少至 750 毫米。但因为连年旱灾，使农业衰败，饥荒横行，大多数农作物因枯死而绝收。而且，国内两大党派之间，连年内战，天灾加人祸，使安哥拉经济崩溃，安

69

全没有保障。在这种情况下，国际救援物资很难运到灾情严重的地区。那些衣不蔽体、食不果腹的灾民，只能背井离乡，四处逃荒要饭。这些饥民为了寻求一线生存的希望，步履艰难地在茫茫的荒野上行走，没有目的地向前走，希望上帝可以赐予他们一片绿洲，然而等着他们的只是饥饿、疾病和死亡。他们当中大多数人骨瘦如柴，随时都有可能因体力不支而倒毙在逃荒的路上。沿途，大批的儿童、婴儿被饿死，他们的尸体有的被掩埋了，有的则丢弃在路旁。凄惨之状，令人目不忍睹。

其他非洲国家也遭到了严重灾难。莱索托的粮食产量减少了 75%，导致粮食奇缺，饮水也开始困难，灾民们在对饥饿的极度恐惧和绝望中度日，许多地区粮食储备也已告急，有很多地方把来年的种子当作了口粮，市场上粮价猛涨，而且少得可怜，无法满足灾民的最低要求。位于非洲南部的博茨瓦纳，地处南非高原中部的卡拉哈里沙漠，旱情最为严重。它的西北部为奥卡万戈三角地沼泽地，东南部和弗朗西斯敦周围是丘陵，中部

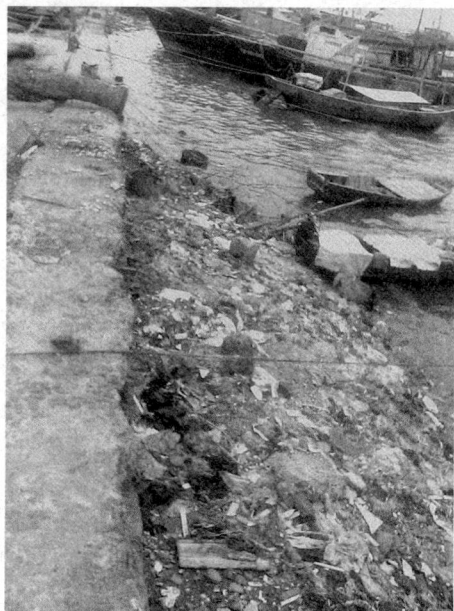

垃圾遍地

和西南部是卡拉哈里沙漠，平均海拔在 1000 米左右，年平均降水量在正常年份为 450 毫米，连年的干旱，使降雨量变得非常稀少。平时，这个国家中的人口有 75% 从事畜牧业或半农半牧，粮食不能自给，每年约进口 10 万吨粮食。在这连年灾荒之时，粮食更为稀贵。旱魃使千百万人流离失所，逃荒要饭。

津巴布韦北部的长里巴大水库，往日浩荡碧波，如今仅剩涓涓细流，存水量不到正常水量的 1/5，河马、鳄鱼无处栖身觅食，只能坐以待毙。居民们饮水也发生了严重困难，不得不丢

弃家园。

位于非洲东部的肯尼亚，赤道线横贯其中，东非大裂谷穿越中部和西部，把它分为两半。它的北部是沙漠地带，约占全国面积的56%。往常全国就有3/4的土地缺水，这次旱灾加大

被垃圾包围的小村

了缺水状况，有数十万人因为饥饿挣扎在死亡线上。野外田地荒芜，市井一片萧条，周围笼罩着凄惨的气氛。许多饥渴交加的人们，为了活命，不得不拖着疲惫不堪的身子四处迁徙，受尽煎熬之苦。

持续的干旱，使非洲的粮食产量非常迅速地减少。受灾国当年的粮食产量普遍比上年已经减产的数字又下降了50%。据统计，博茨瓦纳小麦产量下降了80%以上，莱索托下降75%以上，安哥拉下降了50%，东非的埃塞俄比亚和肯尼亚分别减少30%～40%，而毛里塔尼亚的产量从常年的7万吨左右下降至1万吨左右，畜群死亡超过1/3以上。连续的干旱，使非洲粮食年产量下降到4600万吨，每人每年平均只有92千克。联合国粮农组织对整个非洲的缺粮情况曾做过统计，1983～1984年度非洲缺粮总额比上年增加65%，共达530万吨左右。

这次大旱灾还直接造成了非洲近代史上的大惨案——非洲大饥荒。1985年底，非洲21个国家发生粮荒，上百万人被饿死，大批牲畜倒毙。重灾区赤地千里，白骨堆积，目不忍睹。旱灾给非洲农牧业带来了灾难性的打击，震惊了全世界。

非洲严重旱灾发生后，各受灾国政府采取了各种应急措施，组织抗旱救灾，拯救灾民于水深火热之中。

灾情最为严重的埃塞俄比亚政府，动员了所有力量进行抗灾自救。政府成立了全国紧急救济协调委员会，并在各级政府成立了救灾安置委员会。执政党政治局的领导人、政府各部的

第三章　水体污染与污染物

部长，都深入到灾区组织和指导救灾工作。全国迅速建立起 195 个食品分配中心、25 个收容所、200 个救济站和 40 余个特别救济站。安哥拉也是受灾较为严重的国家之一。灾情发生后，总统多斯桑托斯亲自组织并建立救灾机构，并根据各地区受灾情况，制定和实施了救灾政策，虽然不能从根本上解决饥饿问题，但基本上缓解了日益严重而难缠的难民问题。其他受灾严重的国家，也纷纷发动灾民抗灾自救，同时紧急组织进口和运送粮食，以求渡过饥荒难关。另外，各国纷纷压缩行政开支，拨出专门款项用于救济难民工作。

国际社会对非洲的灾情非常关切。联合国粮农组织曾呼吁国际社会在 1983～1984 年度提供 320 万吨粮食进行援助。除了食品之外，还要求提供大量的药品、衣物、帐篷等物品。据统计，自大旱以来，至 1985 年，国际社会向非洲提供的粮食超过了上千万吨，还有大量的救灾物品，对缓解非洲的大饥荒起了很大的作用。

非洲酷旱的情况，随着各种新闻传媒的传播，陆续传到世界各地。各国人民对此深表同情，纷纷进行援助，一场轰轰烈烈的"救救非洲饥民"的运动迅速在全世界范围内掀起。

"救救非洲饥民吧！"

"救救非洲饥民吧！"

在欧洲、美洲、亚洲、澳洲……在英国、荷兰、比利时、法国、美国、日本、中国……到处都可以听到这种急切的呼声。

在许多国家，援助非洲灾民已成为民间的自发活动，人们纷纷自发走上街头，为挣扎在死亡线上的非洲人民进行募捐。在非洲人民急需帮助之时，艺术家们义演、农民们捐赠粮食、工人们捐赠钱款物品、

缺水的非洲

学生们也纷纷省下零花钱……善良的人们没有犹豫地走进了募捐行列，引发了一幕幕生动感人的场面。

暴力冲突的根源

环境与社会问题无法解决，将严重影响人类安全。这些问题不仅造成许多人的生活艰困与不安定，也会引发暴力冲突。

此类的冲突，大部分发生于个别国家之中，而不是国与国之间。这是因为冲突团体——农夫、执政者、牧场主人，取水者与其他资源利用者——常有无法和解的需求与利益，与土地与环境的资源有着紧密联系。这些利益冲突基本上都与种族议题、利益分配，或是经济发展不同有关，如小规模对抗大规模，自给性与商业化运作的对立。因生态环境恶化与社会不公，所衍生的问题相当多。

大规模的资源开采与基础建设的计划，一般都涉及经济利益的问题，并对环境造成破坏性冲击。它们也时常造成两种负担：①由于打破原来的经济体系与当地土地发生荒漠化，变得不适合居住，迫使当地居民迁徙；②建设项目不容易赚钱，如果有也非常少，还要付出不成比例的环境成本。

一般而言，受到冲击的人大多为少数民族、原住民与其他弱势、贫穷的社区，如自耕农与游牧民族，尽管有些出名的个案广受全世界的注意与支持，但这些族群抵抗与捍卫本身利益的力量却非常薄弱。而抵抗与冲突的结果，使他们更受排挤。

然而，还是有一个案件引起很大的注意。1988年，南太平洋所罗门群岛中的布干维尔岛突击队，一路从巴布新几内亚展开持续的暴力抗争。这项冲突，主要是由于铜矿开采造成铜资源耗竭而引发的。矿渣与污染物遍布四处，毒害了许多粮食作物，如可可与香蕉；阻塞与污染大多数的河流，更使得渔获量减少。在过去20年中，这个岛有将近1/5的面积的植被遭到破坏。铜矿的开采，其经济上的利益几乎全都落入中央政府与外国股东手中。至于付给当地地主的采矿费，只相当于矿产现金收入的0.2%而已；土地租赁与破坏的补偿费，更是近乎于无。

其他广受瞩目且恶名昭彰的战争，当属奈及利亚原住民抗争，及其政府的残暴镇压，他们也是面对和布干维尔岛岛民相同的威胁，其中的欧格尼族发动温和的抗争行动，要求维护环境清洁，以及应将石油开采的利益公平分配，经常的溢油、天然气的外泄以及有毒物品的排放，已经让土壤、水、空气和人体健康付出了沉重的代价。许多植物与野生动物都遭到摧毁；很多欧格尼族人得了呼吸系统的疾病与癌症，婴

缺水的非洲居民

儿畸形的比例也提高。尽管石油带来的利润很大，但人民依然贫困，政府对欧格尼族抗争的回应还是采取军队大举镇压的方式，摧毁了欧格尼族村庄，杀了 2000 人，也迫使 8 万人逃亡迁移。这场压迫在 1995 年 11 月达到最高点，奈及利亚政府不顾国际的抗议，仍将 9 名欧格尼族的活动分子处决。

在印度纳马达河谷兴建的萨尔达萨洛瓦大型水坝，预期将会造成毁灭性影响，因而引发了当地社区的强烈反对。预计有将近几万公顷的土地，会因遭受洪水的肆虐及灌溉设施的兴建而减少，除却环境与健康的损害之外，这个计划还迫使 24 万～32 万人进行迁移，只有少数的有钱农夫可以获得某些经济上的利益，然而，需要迁移的大多数是阿迪维席族原住民。反对者在纠合国际间对他们的支援之后，并最终得到世界银行撤销这项计划的主要经济援助，不过有些工程仍在继续进行中，这项计划最终的命运还没有确定。

整个萨赫尔地区的农民和牧民因为大型商业、农业与牧场计划的压力，使他们彼此之间与对外来的侵入冲突快速升级。苏丹大规模的机械耕作计划要取代数百万名的小农户，并使他们进行迁移，有些人由于没征收而失去土地，有的则因此放弃

家园。苏丹的土质脆弱，旧式机具的大规模翻耕，使土地迅速地遭到风蚀，地力很快耗竭，发生荒漠化。有力量的大农场主不断翻耕新的土地，侵占新的区域，来弥补土地荒漠化的损失。这样就大大激发了掌权的北方部族与代表牧民和小农户利益的南方部族间的矛盾。这种不断扩大耕作土地的行动，在当地（南方部族）人眼中，是充满敌意的入侵行为，机械耕作的争议，一直是南、北苏丹对峙与不断内战的主要原因，苏丹内战在1983年爆发，战火至今仍没有平息。

　　正如先前所述，不公平的土地分配制度，使许多没有土地或土地出现荒漠化的农民迁移到陡坡、雨林或其他边陲环境恶劣的地区耕种维持生活。土地需求的压力越大，小农户之间的竞争就越加激烈，再加上要面对土地大亨、牧场主人、伐木业者等对土地的争夺，因土地而起的冲突就会更频繁。

　　在巴西，大部分的抗争都是由无土地的农民所发起的，但是闲置的土地也会引发流血冲突。主要的对峙是地主私人军队与地方或政府（大多是大地主握有权力）所掌握的警力。过去十年来，在这些流血冲突中丧生的人高达上千。土地发放的速度仍非常缓慢。根据巴西土地国有局的统计，目前只有85000户没有土地的家庭分配到土地。

　　在中南美洲，土地发放行动完全受到压制。墨西哥境内许多州，也因此而不断发生战争，在嘉帕斯，少数的农业与牧场精英，控制大部分良田，以咖啡制造商为例，约0.5%的制造商，拥有12%的咖啡田。自1960年养牛者开始把小农户赶出自己的农地之后，也明显地吞食了不少农地。据估计，有45%的土地都成为养牛牧场。

　　在嘉帕斯，大部分的农地争夺都发生在东部。到20世纪中期，这里几乎已经完全荒废、荒无人烟。而拉肯东雨林，则集中了成千上万的农夫，他们或者是要逃难土地荒漠化，或由于兴建水坝，或是因政治迫害而被迫迁移，他们不但要彼此竞争，还要与牧场主人、伐木业与石油开采者抢夺资源。

　　而拉肯东的树木，从1960年的90%，减少到目前的30%，以致国界毫无遮掩，可以看到邻国危地马拉。

因为人口快速增长与农地分配不公，嘉帕斯已经发生严重的族群冲突。

翻耕出的沙漠化土地

在我国东部的科尔沁沙地，也有许多古城遗迹，最著名的当属今内蒙古赤峰市敖汉旗境内，乌尔吉木伦河与沙力漠河汇合口附近的临潢府遗址，那可是在北方存在 400 多年的辽代最早的首都。

根据考古资料，在 5000～6000 年前的新石器时代，科尔沁草原就有人类开始活动。出土的生产器具显示，当时本区的居民部分以经营种植业为主，部分以经营畜牧业为主。从青铜器时代，一直到秦汉时期，本区已基本转为以种植业为主，并且农耕非常繁盛。而因为过度的农耕，科尔沁草原在这时就出现了第一轮风沙活跃的土地沙漠化阶段。

汉朝以后，一直到契丹建辽前的 150 多年间，科尔沁草原相继被匈奴、乌桓、鲜卑等以牧业经济为主的民族所统治，农业衰退，畜牧业兴旺，土地沙漠化逆转。

4～7 世纪时，契丹民族的一些部落游牧在今日西拉木伦河（时称潢水）与老哈河（时称土河）之间，"追逐水草，经营牧业"。当时除有发达的畜牧业外，农业开始发展，环境"地沃宜种植，水草便畜牧"。契丹耶律氏 10 世纪初在今科尔沁草原地区建立辽王朝，都城位于今乌尔吉木伦河与沙力漠河汇合口附近，称上京临潢府。并在潢水两岸地区建立了不少的州县，从被占领的北宋燕、蓟二州和东面的渤海国掠来农民，从事农耕，农业有了进一步的发展。到 10 世纪中叶，这个地区已同辽海地区一起发展成为"编户数十万，耕垦千余里"的农垦区。从沙区中出土的辽代铁器农具及文化遗址能够反映当时农垦的情况。这些遗址大多数处于老哈河与教来河间的龙化（州）等沙区中。

随着草原农业开垦范围的扩大及樵柴活动，植被被破坏，沙漠化开始发展。北宋著名文人苏辙（1039～1112）出使辽国，诗记载："兹山亦沙阜，短短见丛薄"（诗句中的山指永州木叶

山，即今赤峰市翁牛特旗海金山），可见，当时西辽河平原已出现大面积沙漠化土地。到 12 世纪的金代，已出现了"土脊樵绝，当今所徙之民，故逐水草以居"的情况，反映了沙漠化已非常严重，并有因"常苦风沙所致"韩州城四治三迁的记载（韩州最后的治所古城即现在哲里木盟科左后旗浩坦乡城五家子古城）。

到 13 世纪以后，辽灭亡，元、明王朝相继建立，政治中心南移，农垦规模缩小，天然植被开始得到恢复。因之到 17 世纪清初，这个地区又变成"长林丰草……凡马驼牛羊之孳息者，岁以千万计"的优良草场。清代不少的围场和牧场都在这一地区分布。

科尔沁沙地最近一次的沙漠化主要发生在十八九世纪以后。自 18 世纪中叶以来，清政府对本区实行放价招民垦种政策，草原被逐渐开垦。放垦荒地因土质瘠薄，一般经过两三年即由于沙害而被放弃，继而开垦新草地。大面积犁耕给土地的表土层造成了破坏，在缺少植被保护的撂荒地上经过干旱风季，沙层被吹扬而起，形成流动沙丘。这种沙丘（俗称"自沙坨子"）以斑点状首先在居民点、牧场、耕地附近及沿河地区出现，逐渐扩展连接成片，进而使美丽富庶的草原退化为沙漠化土地。哪怕在科尔沁草原西部、承德以北清代著名的"木兰围场"，到 20 世纪初也被开垦，天然植被覆盖率降低到 5%，沙漠化土地面积已相当于该县北部地区土地面积的 48%。

综上所述，历史上科尔沁沙地的沙漠化有着波动性，在大约公元前 3100 年到 18 世纪中期的这一时期内，科尔沁沙地经历了三个沙漠化的循回，沙漠化大约开始时期为：秦汉后期、辽和清朝末期。致使沙漠化发生的原因是人类活动方式由畜牧业（或以畜牧业为主）向农业（或以农业为主）活动转变。

18 世纪中叶以后，我国的人口猛烈增长，加上地主对农民的盘剥，传统农业地区失去土地的农民"下关东"和"走西口"掀起草原垦殖的高潮，草原南部承受不住这种突然增加的压力，生态平衡破坏，土地沙漠化越来越严重。

中华人民共和国成立以后，在"以粮为纲"等错误思潮的驱动下，科尔沁牧区纷纷弃牧从农或半农半牧。同时，因为人口的急剧增长，人类对环境的索取压力很快超过了生态系统承载力的临界阈值，所以，科尔沁地区的生态系统恶化日益严重，沙漠化迅猛发展成为今天的状态。

干涸的土地

肥沃草场的开垦使牧业和农业的矛盾、民族间的矛盾开始加深。"南方飞来的小鸿雁啊，不落长江不呀不起飞，要说起义的嘎达梅林是为了蒙古人民的土地……"这段民歌歌颂了20世纪20年代科尔沁草原的牧民群众和下层官吏的维护放牧权，反对王爷、军阀、日本侵略者相勾结侵占草场的斗争。

"哥哥你走西口，小妹我实难留……"一段忧伤的情歌唱出了出外逃荒、下关东、走西口路上的辛酸和无奈。

接近中蒙边界的草原地区是我国三大多风和大风区域之一。年降水为200～400毫米，属高寒地区，冬季漫长，一年的积温（植物或农作物生长期空气温度积累的综合，一般以一年中5天气温稳定通过0℃或10℃的温度累计计算）和无霜期（不会出现霜冻的日期）勉强能使一年一熟作物成熟。像这样的地区生态环境条件都非常脆弱，通常叫做生态脆弱带。这里的农业开垦运用典型的"游农"方式，选择平坦的土壤水分条件较好的土地，择地而耕。基本是靠天吃饭的雨养农业，其余坡地等依然以放牧为主。生产结构和经济来源借助于农业和牧业，所以称农牧交错带。

农牧交错带是我国现代沙漠化强烈发展的地区。我国的近现代农牧交错区由东北大兴安岭东侧沿河北内蒙古边界向西，并扩展到内蒙古中部的阴山北坡地区，黄河河套的鄂尔多斯高原。1987～1988年的调查表明，当时我国每年沙漠化土地扩展

2100 平方千米，其中 1700 多平方千米是在农牧交错带。

在农牧交错区北部，农业人口稀疏的地区，如今依然保持随意耕种的习惯。没有种植计划，种多少、种什么完全根据播种季节降雨情况和土壤墒情来确定。遇到春季降水较多，土壤墒情好的年份，会从土地解冻开始犁种，并计算成熟期，种完小麦，种生长期较短的莜麦、糜子，直到种上生长期最短的荞麦，这时，已进入小麦的成熟期，为收割期，因此，这里的农业非常原始，只有播种和收割两个生产环节，没有锄草、松土的环节，从不对作物施肥，收获也非常少。

春天是传统农业的耕播季节，也是我国北方农牧交错带的大风季节。被松翻的土地抵御风蚀的能力非常差，土壤颗粒和草原时期长期积累的土壤腐殖质和营养元素被风吹蚀也非常严重。尤其是遇到强风时，会吹蚀掉两三厘米的耕地土壤层，这些土壤颗粒加入大风就形成沙尘暴，危害下风向。每年春天袭击首都北京的沙尘暴和浮尘都是由内蒙古中部农牧交错区刮来的。

严重风蚀沙漠化地区的内蒙古乌兰察布盟后山 7 旗县，旱作耕地每年吹蚀表土 1 厘米以上的土地 32 万公顷，每年吹蚀土壤黏粒 830 万吨，有机质 840 多吨、氮素 54000 多吨。因为连续的风蚀，原来土层深厚的草原土壤腐殖质层被吹蚀殆净，露出钙积层。在内蒙古商都县北部，开垦初期土壤有机质含量为 4％，中度沙漠化时下降 1％多，到严重沙漠化弃耕时仅仅只有 0.7％～0.8％。如果以此为标准计算，全国沙漠化土地每年损失的土壤营养相当于化肥 17000 万吨，总价值 106 亿元。

由于经常性出现风蚀损失，种子下种后大多会遭风吹出，每一年要毁种多次。加上耕种土地有时效性，使人们养成了不施肥的习惯，习惯"听天由命""广种薄收"，由于对土地只用不养，土壤肥力迅速下降，致使粮食单产不断降低。例如内蒙古雨养旱农地区，开垦初期能够"捉担"的土地（亩产可以稳定收获一担，担是旧时计量粮食的单位，各地不一，在内蒙古农业区为 150 千克），目前正常年份只能维持亩产 40～50 千克的水平。

这些在"内地"失去土地，到"口外"种地的农民实际上是许多"难民"，其中大多数是原在地区的生态环境变化，土地荒漠化，即生态难民。他们闯关东、走西口的临时思想，从他们的生活习惯的各个方面表现了出来。例如埋葬去世者的方式是把棺木平放在村后平地上，用石块垒砌，以方便回故里"落叶归根"。对周围生态环境只知道利用的思想，没有长期稳定建设的认识。

自然条件的恶劣使生态环境非常脆弱，游农式土地经营方式是土地强烈沙漠化的根本原因。

大自然的报复

在近代中国人已经淡忘、年轻人不知道的国耻之中，森林资源的被掠夺也是令人震惊的。你不得不承认，掠夺者的强大有时会体现在为了他们自己国家利益的长远目光上，而被掠夺者的腐败与无能，将一根根木头上变成历史上留下的不可推诿的耻辱柱。

20 世纪初，沙皇俄国在我国东北修建中东铁路所用木材、机车燃料和数万名修路工人的烧柴全是砍伐附近的森林。同时，趁机而来的日、俄、英、美、瑞典等国的伐木商，扑向铁路两侧的大森林，20 年间，将从满洲里到绥芬河铁路沿线 100 里（1 里＝0.5 千米）宽范围内的原始森林全部砍完。

日本对我国森林资源一直垂涎三尺，也是最大、最残酷的掠夺者。

日俄战争之后，俄国战败，在将铁路经营权转让给日本的同时，也把鸭绿江右岸伐木的权利转让给了日本。30 年中，路两侧 50 千米以内的森林被日本砍伐净尽，悉数运到日本国内。

从"九一八"事变开始，日本在侵占东北的 14 年中，掠夺木材 6400 万立方米，相当于当时东北林区总蓄积量的 2%，采伐面积为 400 万公顷。

我们追忆中国森林的历史，是为了提醒国人，林木倒地，资源被掠夺的凋敝时世之所以不能忘记，是由于在被世界有识

之士称为"环保世纪"的 21 世纪即将到来之前，日本人为环境、资源做出的准备已经远远地走到了我们前面，他们花钱买中国林木为自己的每一片绿叶进行贮备，从资源保护的意义上说，这一种公平交易其实根本无公平可言，因为树木有价，资源无价，环境无价。多留下一棵绿树，就是为后人多留下一片福荫。

1949 年以后，有过三次大规模的乱砍滥伐，有的甚至到了全民动手的程度。分别是：大跃进运动、农业学大寨运动，1980 年前后引发的"要想富，上山去砍树"的滥伐狂潮。这三次滥伐的结果目前还不能用数字计算出来，由于很多人习惯用虚假的数字编造成谎言，而绝不愿意用真实的数字来反映问题。

但是大面积毁林引发的生态失调，水土流失，自然灾害频繁，却不能掩饰。

在 20 世纪 50 年代初，四川森林覆盖率在 19%，1958 年大炼钢铁之后，1962 年覆盖率下降至 9%。对四川盆地东部和南部的宜宾、涪陵、万县 3 个地区 19 个山区县的调查显示，1975 年森林面积比 1949 年减少

受破坏的森林

了 1200 多万亩，森林覆盖率从 30% 下降到 10%。

如此迅速的森林减少，对人类来说是一种威胁。

1981 年四川特大洪灾，究其原因，尽管有大气环流形成短期集中降雨的不测因素，但直接原因却是因为长江上游林木锐减，无法有效地涵养水源，泥沙俱下造成江河水位陡涨而导致。

第一次洪灾或旱荒之后引发的检讨——那是由于多少生命被夺去，多少良田被吞没的代价——人们总是把主要直接原因归之于气候的自然因素，却不知多少年的毁林之举早已种下了祸根，大灾难的来临只是时间迟早而已。

云南省西双版纳州的勐腊、景洪、勐海 3 县，1959 年时还有原始森林 1074 万亩，由于刀耕火种毁林造田使森林面积锐减到 1973 年的 977 万亩，1980 年又减为 810 万亩。1959～1973 年的 14 年中，每年毁林 6.9 万亩；1973～1980 年的 7 年中，每年毁林 23.8 万亩。1980 年以后，毁林伐木也经常发生，照如此速度砍下去，西双版纳宝贵的、在中国不可再得的原始森林资源用 30 多年就可化为乌有。

简略地回顾森林的历程，便能得出这样的结论：中国森林所受到的破坏，其持续时间之长、摧残之烈，十年八年的补偿根本不可能恢复元气。

我们现在所做的和将要做的一切，不过只是开始，况且新的破坏仍然几乎每天都在发生。

在告别了 20 世纪，进入 21 世纪的时刻，我们仅有两种选择：要么今人种树，后人乘凉；要么继续砍树，殃及子孙。

大自然的报复是谁也无法逃脱——我们正在替前人受罪，而我们的后人将要为我们还债，把最后的梦付之东流。

"沙漠闹水灾"这句话你可能认为是无稽之谈，但却确实曾发生过。1979 年盛夏，在世界瑰宝莫高窟所在地——甘肃敦煌县，这个被沙漠包围的常年干旱的县城竟然出现了一场不大不小的水灾：全城水毁屋 4000 多间，全县 10 万人中受水灾人口多达 7000 人，以致沙漠中的水灾这一千古奇闻被人们广为传播。这究竟是怎么回事？原来，1979 年盛夏，由于天气非常炎热，终年积雪的祁连山融雪量非常大，正如古诗中写的那样"真阳消尽阴山雪，顷刻飞来百道泉"。高山冰雪融化使敦煌的党河水库装得满满的，达到了历年最大库容量。

同时，印度洋潮湿的气流跟着活跃的西南季风穿越青藏高

冰山融雪

原向祁连山吹来，导致连年干旱的敦煌一反往常，细雨绵绵，年降雨量达到了1055毫米，年降雨量增加了4倍，加上消融的冰雪，给敦煌带来过量的径流，使长期处于干旱缺水环境中的敦煌人非常高兴。他们不顾党河水库行将漫溢的危险，一直不愿下决心打开水闸泄水防洪，因为水对敦煌人来说确实太可贵了，爱水如命的观念使他们忘记了水太多了也会带来灾难。最后，水库决堤，洪水如猛兽一般呼啸而出，敦煌县沦为一片泽国。这场沙漠中的水灾是因为人的行为失误而诱发的。相似的情况在新疆吐鲁番地区的戈壁荒漠中也出现过，结果导致了"水漫火焰山"的特异灾害现象出现。干旱、半干旱区的降雨变化无常，持久干旱无雨是经常的，但有时等于常年降雨量数倍的雨又会在一次甚至几小时或几分钟降下，气象气候学谓之变率大，降水的变率大也是干旱的特点之一。这件事不仅告诉我们干旱区也会有水蚀荒漠化过程发生，还告诉人们水利弄得不好也会变成水害。

有涝必有旱，旱、涝是殃及人类的一对双胞胎。从根本上来讲，干旱则是因为过度砍伐森林、滥垦草原，使森林对气候的调节作用减弱而导致的。如埃塞俄比亚的干旱早已有之，饥荒一直威胁着这个国家的人民。然而，随着人口的激增，为了满足吃饭这一最基本的生存需要，逼迫着人们开荒种地、毁林放牧，从而导致森林覆盖率由1935年的30%下降至如今的3%。故此，每年有20亿立方米的土壤被冲出这块高原，消失在低地的河流和小溪中，水土流失尤其严重。失去植被保护的地面把阳光直接反射到大气中去，大气层的温度因此升高。这样一来随之抑制了云雨的形成，最终又进一步加剧了西起塞内加尔、东至埃塞俄比亚这块贫瘠的萨赫勒地带的干旱、沙漠化和饥荒。

我国是世界四大文明古国之一。黄河所流经的黄土高原地区是哺育中华文明的摇篮。在这古老的土地上生息繁衍的先民们辛勤耕耘，开拓创造。古代，由于黄土高原自然条件较好，因而农牧业与手工业发达。黄土高原西起青海日月山，东至太行山，北靠长城和阴山，南抵秦岭，包括晋、陕、甘、宁、内

蒙古、青、豫等省区的一部或全部，面积约为 63 万平方千米。它千沟万壑，丘岗起伏，波澜壮阔，有"疯神捏就的土地"之称。黄土高原的地貌姿态万千，黄土丘陵像金色的波涛，连绵起伏，雄伟壮观。黄土塬区一马平川，犹如广阔的平原。最令人惊叹的是在黄土坡地上，到处是大小不等、深浅不同的沟壑。将黄土地面切割得支离破碎，"满目疮痍"，像是愤怒发疯的巨神，将原来平整和谐的黄土大地抓碎了。千沟万壑如同被巨手撕裂的岗峦，上面还残留着粗暴的痕迹。

　　黄土物质由于疏松多孔，透水性强，垂直节理发育遇水崩解，因此很容易被侵蚀。黄土高原地处半干旱区，夏季多暴雨，为黄土侵蚀提供了动力。黄土堆积的前期，因为黄土层较薄，坡度较缓，坡长较短，黄土又容易渗透，因此降水在黄土坡面上只能形成微弱的片流，沟谷侵蚀一点也不强烈。当黄土厚度不断加大，黄土地貌的坡长也开始加长，降雨在坡面形成的径流到达坡脚时已集中了足够的能量，使坡脚出现沟谷侵蚀。大约 20 万年前，黄土高原大部分地区进入到强烈的沟谷侵蚀时期。在气候干旱时期，降雨量小，沟谷侵蚀减弱，原有的沟谷坡上还会堆积黄土；当气候比较湿润时，降雨量增大，原来的冲沟重新发生侵蚀。上述过程反复交替进行，出现了许多新旧不同，形态不一的冲沟。有的宽浅，呈汤匙状。有的陡峻雄伟，如著名的美国科罗拉多大峡谷。有的冲沟两岸很近，但深达几百米，下去再上来，要经过千回百转，才能抵达对岸，"对面能讲话，过沟要半天"。沟谷之中，微地貌形态更加千奇百怪。由于黄土垂直节理发育，被流水侵蚀后会形成黄土柱、黄土林、黄土墙、黄土穴等，就像鬼斧神工创造的奇妙黄土世界。

　　黄土高原曾是一个郁郁葱葱、生机盎然的世界。春秋时代黄河北岸今山西晋南一带的魏国曾是"坎坎伐檀兮，置之河之干兮，河水清且涟猗"，但是一个从湿润向干旱过渡的半湿润、半干旱的草原和森林草原区，呈现出一个脆弱的生态系统。如果按照"大部丘陵山地宜林牧，少数河谷平原宜耕植"的方针，适度开发，建立新的生态平衡，会有一个很好的地方。但是，因为历史上人口的增长和几次大迁移，以及改牧为农，滥垦滥

伐，破坏森林和草原，使生态逐步恶化。森林、草原消失了，虎、豹、熊、猴几近灭绝！森林、草原遭破坏，水源得不到涵养，干旱缺水加剧！

黄土的特性是极易遭受侵蚀，地面失去植被保护之后，被冲蚀、切割成千沟万壑，人们随之失去立足之地！这便是黄土高原水土流失荒漠化的过程。

水土流失对土壤和土地资源造成的破坏，直接影响到农林

黄土高原

牧业的可持续发展，对人类赖以生存的基础造成威胁。在黄土高原泥沙流失是土壤养分衰减的主要途径，流失泥沙的养分不但高于径流中的养分浓度，而且与表土相比，还有全氮、全钾、铜、铁和有机质的富集现象。因此，防治泥沙流失是防止土壤养分衰减的关键。

黄土高原某些地区，由于溯源的侵蚀，一次暴雨会将沟头前进80余米，使可利用土地资源大幅度减少。据考证，有"甘肃粮仓"之称的董志塬，由于水土流失对塬面的吞食，自唐代至今的1300余年，塬面东西宽由34千米减少为18千米，最窄处不到1千米，塬面面积缩小到不及原来的1/3。

大量泥沙冲入黄河，每年有16亿吨泥沙淤积在黄河下游和渤海，其中4亿吨泥沙在下游河床堆积。20世纪50年代和60年代，淤积速度大概维持在每年10厘米厚左右，使下游河床每10年抬高1米，以致河床普遍高出地面3～5米，河南开封段竟高出8米，黄河河道被淤塞抬高，出现世界闻名的"地上河"。黄河决堤成疯，水灾不断。在1887年的一次黄河泛滥就导致200万人淹死、饿死。而且过水能力越来越小，黄河花园口站，1958年通过最大洪峰流量为2.23万立方米/秒，而1979年洪峰

流量只有 6800 立方米/秒时，就出了险情。

黄土高原的西北部，几片大沙漠已经扑向河岸，每年有5000 万吨泥沙直接吹入黄河。

森林不但是陆地上最大的生态系统之一，还是分布最广的生态系统，它具有净化空气、涵养水源、防风固沙、保持水土、保护农田等多种功能。故森林有着双重价值：经济价值和环境价值。据美国学者计算，森林的经济价值和环境价值之比为 1：29，可见森林的环境价值比经济价值要高很多。因此，对森林的过度砍伐和破坏将会引起大自然的报复，其表现如下：

（1）自然灾害频繁。我国旱涝洪荒等自然灾害与森林植被的减少有直接关系。自然灾害发生的频度与森林减少的趋势惊人一致，尤其是近代，森林越少，水旱灾害则越频繁。

据统计，从公元前 602 年到 1949 年间，黄河下游决堤 1500多次，较大的改道 26 次。其中秦汉时期平均每 26 年决堤一次，三国至五代时期平均每 10 年一次，北宋时期为 1 年一次；到清代每 4～7 个月一次。由于这一地区森林的减少，旱灾发生次数开始增加，并持续时间长，灾情严重。

（2）水土流失加剧。历史比较研究显示，我国森林减少与全国水土流失加剧呈正相关性。据考证，在西周时，泾渭两河皆清，南北朝时泾清渭浊，就是所谓的"泾渭分明"。而现在则是两河皆浊。两河含沙量的变化与流域内森林的减少有直接关系。

（3）水土流失严重地影响到重大水利工程综合功能的发挥。因为水库淤积加速，库容损失很大。三门峡水库因为淤积严重，原设计的防洪、发电、灌溉等综合功能不能有效发挥，只能被迫改建和改变运行方式，综合功能下降。原计划装机容量为 110万千瓦，年发电量 60 亿千瓦，而实施结果，装机容量仅为 40万千瓦，年发电量 13 亿千瓦。

令人担心的是近年来，长江含沙量逐渐上升，人们普遍担心它有变为"第二条黄河"的危险。这种情况的出现是由于长江中上游地区过度砍伐森林所造成的，几千年来发生在黄土高原的水土流失荒漠化在长江中上游、云贵高原重演。据研究表

明，森林是最好的绿色天然水库，森林的蓄水保土功能是人类进行的任何工程都不能取代的。破坏森林会导致水土流失成倍增加。

长江下游及西南地区土壤侵蚀以水力侵蚀为主。降雨及形成的坡面地表径流对土壤的侵蚀，先带走土壤中的细粒物质及富集于细粒物质上的肥力，使土壤粗化（砂砾化）、薄层化，肥力下降，作物产量降低，然后粗粒物质也被侵蚀石化，甚至基岩裸露，尤其是石灰岩分布区，完全失去农业生产能力。

中国科学院华南热带生物资源综合考察队 1957～1960 年的土壤调查资料记载，当时广西中等肥力以上土壤面积占 67%，低等肥力的占 33%；1985 年再次调查，中等肥力以上的土壤面积已下降至 60%，而低等肥力和有各种障碍因素的土壤面积则上升至 40%。

水土流失导致河流泥沙淤积，河床抬高，航程缩短。长江上游土壤侵蚀的泥沙不但造成当地河道淤塞，还使中、下游河道出现淤积。1957～1984 年，甘肃陇南地区的白龙江实测河床累计淤高 3.32 米，平均每年淤高 12.3 厘米。因为河床不断淤积抬高，出现了"水比城高"的险象。在武都，白龙江河床比城内高 1.35 米，北峪河河床比城内高 18.0 米。整个武都城用堤防来维持。白龙江两岸良田因为地下水位不断升高而潜育化，渍害严重，产量逐渐下降，有的甚至已失去农业利用价值。据武都县统计，沿江受害农田达 400 公顷。

长江荆江河段因为泥沙淤积，水位不断地抬升，近 2000 年以来共抬升了约 13.4 米，其中近 800 年以来抬升了 11.1 米，明末清初以来抬升约 5 米，河床已高出地面 2 米，一般汛期水位高出地面 12～15 米，迫使荆江大堤提身高达 14～17 米，成为地上"悬河"。因为河道淤积，出现小流量，高水位，洪水险情多的状况。1998 年，长江中下游发生大洪水，但当年宜昌以上最大洪峰流量仅为 6.3 万立方米/秒，相当于历史上曾出现过的中上流量，远低于 1954 年的洪水，但水位高度却比 1954 年要高。

严重的水土流失也给下游湖泊带来了灾害，使湖床抬高、湖容萎缩，大大削弱了湖泊蓄水分洪能力。洞庭湖的水域面积近50年来不断缩小，2000年的水域面积比1949年差不多缩小了近一半。近25年所淤积的泥沙总量达10.38亿立方米，并有逐年加重之势；近50年洞庭湖累积围垦面积17万公顷，湖泊容积减少了107亿立方米。

长江上游已建各类水利工程，年淤积量约为3.6亿吨，只四川省的蓄水工程平均每年要损失库容1亿立方米，等于每年损失一个大型水库。

贵州、广西石灰岩分布地区的严重水土流失造成石漠化，尤其是在现代气候条件下，人类经济活动促使了喀斯特地貌（喀斯特地貌是石灰岩地区酸性水对石灰岩化学溶蚀的结果，有山坡陡立、山峰奇形怪状、溶洞发育等特点，由于南斯拉夫喀斯特地区这种地貌发育而得名。我国广西、贵州、云南等省石灰岩分布广泛，喀斯特地貌发育胜过南斯拉夫，广西桂林、阳朔一带非常秀美，有"桂林山水甲天下""阳朔山水甲桂林"之说。）加速发育的水蚀荒漠化过程。

贵州位于长江和珠江上游分水岭地带，喀斯特山区大约为73%，全省62%是石灰岩裸露区，水土流失面积相当于全省土地面积的35%，每年平均侵蚀量为每平方千米1622吨。主要集中于西部的毕节地区、六盘水等贫困山区，1958～1978年的20年间，普定县每年平均新增石漠化面积553万公顷，速度非常快，位居全省之首。广西有石山893万公顷，相当于自治区土地总面积近40%，其中石漠化面积230公顷，且以每年3%～6%的速度增加。石山和石漠化土地在百色、河池和南宁3个欠发达地区集中，居住着1000多万人口。长期以来，人为干扰破坏，贵州、广西石山区植被稀少，严重缺水缺土，不少地区没有人类生存的基本条件，当地群众在石窝中开垦种玉米，造成有限的土壤冲蚀，生活非常贫困。

许多灾害的发生都是因为人的行为失误和预防灾害意识不强而造成。据珠江水利委员会统计，贵州省水城、六枝、盘县、钟山、兴义、晴隆、普安、贞丰、关岭、威宁10县有石漠化土地1491平方千米，相当于10县土地面积的8.5%。四川达县20

世纪 50 年代前有裸露面积占 40％以上，荒坡土层厚 10～20 厘米的中度石漠化土地 1106 公顷，20 世纪 50～70 年代新增 748 公顷，20 世纪 70～90 年代新增 924 公顷，到 20 世纪末轻度沙漠化面积 2.5 万公顷，一半以上土地出现石漠化，足见问题的严重性。

联合国粮农组织（FAO）称："土壤侵蚀可与战争、疾病并列，是人类面临的最大威胁。"水土流失的危害一是侵蚀土壤，破坏土地资源；二是淤积江河湖沼和水利工程，使洪水灾害加剧。

我国水土流失区域面积约为 367 万平方千米，主要集中在湿润、亚湿润地区，相当于国土面积的 38％，每年流失表土超过 50 亿吨。黄土高原水土流失面积约为 43 万平方千米，土壤流失量达 16 亿吨；长江上游水土流失面积约为 35 万多平方千米，土壤流失量达 15.6 亿吨，二者合计为 31.6 亿吨，相当于全国土壤流失量的 57.3％。发展成为水蚀荒漠化的约有 39.4 万平方千米。西部 12 省所占面积近 30 万平方千米，主要在陕西、甘肃河东地区、宁夏南部，黄河中上游和长江上游以及黔桂滇石灰岩等区域分布。

水土流失严重影响着经济与社会发展。近 30 年来，长江、黄河泥沙虽然没有明显增加，但流域范围内土壤侵蚀面积都在增加，而且呈进一步发展的趋势，"局部改善，全局恶化"的被动局面仍没有得到彻底扭转。

水土流失地貌

西部地区严重的水土流失对国民经济建设的影响和对人类赖以生存的物质基础的破坏和危害是惊人的，如果水土流失得不到有效治理，就会严重威胁各民族的生存环境和社会安定。

所以生态建设，治理荒漠化，治理水土流失是"西部大开发"中的关键。

西藏阿里地区海拔高度在 4500 米以上，一年四季大风不断，人烟稀少，只有高原上的神庙遗迹，使人可以联想起古格王朝的繁荣。20 世纪 60 年代后期，为了保卫这片神圣的领土，守边战士在狮泉河畔建设了阿里军分区，阿里专署也搬迁到这里，一座新的城镇——狮泉河镇出现在高原上。

由于地域高寒，除了正常的生火做饭外，一年约有 200 多天的取暖期，需要大量的燃料。而在偏远的阿里高原交通运输非常困难，而且这 200 多天的时间内，一半时间是大雪封山，交通与外界阻断。唯一可以作为燃料的是顺河而下，镇子西的一片灌木林，那里有一种可以在高原恶劣气候条件下坚强生长，但生长速度异常缓慢的高原植物——秀丽水柏枝。这种植物万一被砍伐，以现在的高原气候条件，根本是不可能自然更新的。原计划可以使用 70 年的樵采资源，在短短 15 年内就枯竭，到 20 世纪 80 年代初附近 30 千米范围内的灌木林已经全部被砍伐。

随着灌木林的消失，原来被灌木林阻挡的风沙开始在镇子肆虐。镇子的建筑物要么被风沙掩埋，要么被裹着沙粒的风掏蚀得东倒西歪。

干旱半干旱区有很多药材资源是不可被取代的。甘草清热解毒，可以用来调和诸药，被称为是中汤、丸药的"骨架"药。半荒漠草原普遍产甘草，以宁夏盐池一带的甘草产量最大、药性最好，是宁夏回族自治区对外贸易"红黄黑白蓝五宝"之一。但在人工培育之前，天然草原由于挖甘草遭到非常严重的破坏，据说每挖 1 千克甘草要破坏 7～10 亩的草场，每到秋季在盐池草场上有上万人的挖甘草大军，天然草场被严重破坏。

发菜是寄生在荒漠草原草类植株上的一种菌类植物，由于形状酷似人的头发丝而得名，又因其名称与"发财"谐音，被人们当作餐桌上的美肴，价值倍增。"搂发菜"成了农牧交错区贫困农民的一项经济收入，由于它特别稀少，农民们总是把地面的干草统统搂回家去，动员全家老小细细找寻，每搂一两发菜要破坏几亩草原，对草原破坏力非常大。牧民为保护草原不

许农民到草原搂发菜，常常引发农牧民间的械斗，破坏民族团结。

类似的情况还有采集冬虫夏草等。在青海高寒草原上，每到深秋初冬，几万人涌入草原，仅对草原的践踏也是草原所承受不起的。

北美黑风暴

沙尘暴不仅仅在中国这样的发展中国家发生。20世纪的30年代，由于严重的旱灾和土地利用不当，在美国大平原的广大地区发生"黑风暴"。最近几年也时常出现。

1934年5月11日凌晨。

美国西部。

突然之间，草原上空出现了一阵阵遮天蔽日的黑色狂飙。强劲的狂风挟带着泥沙拔地而起，从西向东呼啸而进，同时向周围迅速扩展……

这场黑色风暴刮了整整3天3夜，从加拿大的西段边境到美国西草原区的几个州的广阔地区，出现了一个东西长2400千米、南北宽440千米、高3400米的迅速移动的巨大黑色风暴带。黑色狂魔移到哪里，哪里的肥田沃土就被席卷而去。狂暴到达之处，溪水断流，水井干涸，田地龟裂，庄稼枯萎，牲畜渴死，千万人流离失所。

"黑风暴"成名于1935年4月14日这个"黑色星期日"，发生在美国西南大平原的这场"黑风暴"比其他时候发生的沙尘暴影响都更大，是20世纪30年代美国出现最严重的生态灾难之一。

1935年的4月14日，"在数周沙尘暴之后，包括发生在3月底摧毁了500万英亩小麦田的那场沙尘暴，人们终于看到太阳出来了，纷纷出去打零工，上教堂祈祷，出门野营，或是在蓝天下沐浴阳光。下午时分，气温突然下降，鸟儿不安地啼鸣。突然，一股黑云在地平线上出现，急速翻滚涌来。路上的行人在沙尘中赶着回家，有些人则不得不在半途中停下来，在废城

旧址中寻找藏身之地。就这样在漆黑中静坐了 4 个多小时，时刻担心会因窒息而死；之后，继续上路……"阿卫斯·卡尔森在《新共和国》杂志的文章中写道："就像用铁锹往脸上扬沙一样"，"人们在自家庭院遇上沙尘暴，都必须摸着台阶进门。行进中的汽车必须停下，因为，世界上没有任何一只车灯能够照亮黝黑的沙尘旋涡……这次沙尘暴是所有沙尘暴中最为可怕的一次，即使在偶然的晴朗白天和平常的阴沉天气，我们也无法摆脱沙尘恶魔的纠缠。我们整天与沙尘生活在一起，吃着尘埃，呼吸着灰气，天天看着沙尘剥夺我们的财产，使我们发财的希望变得渺茫，这已变得不可抗拒。诗情画意般的春季景色成为了古代传说中的幽灵，噩梦成为现实"。

5 月初大平原遭到一场更大的灾难。黑风暴从 5 月 9 日刮起，前后持续了三天三夜，对美国 2/3 的大陆进行了横扫，在高空气流的作用下，尘粒沙土被卷起，股股尘埃升入高空，随风向东越过北达科他、宾夕法尼亚和纽约等 10 多个州。从西部的活尔斯堡刮到东边的沃耳巴尼，最北到圣保罗，最南到纳希准耳，形成了巨大的灰黑色风暴带。

据有关资料描述，黑风暴所到之处，耀眼的丽日瞬时消失，原本蔚蓝色的天空，顿间尘土飞扬。砂土像瓢泼的大雨一样从空中倾泻而下。一座座城市，一个个庄园，一块块田野，失掉了原有的风采，出现了昏天黑地的景象。

黑风暴

因为沙尘暴，几百万公顷的农田废弃，几十万人口流离失所。当看到旱灾和沙尘暴远没有停息的迹象，很多人抛弃了他们的土地，其他滞留下来的人，在失去银行抵押土地返回权时，也被强行迁出家门。总计有 1/4 的人口，卷起行李，乘着各种

大小机动车，向着西部的加利福尼亚州迁移。虽然有 3/4 的农民还留在他们的土地上，但是也有相当数量的地区几乎成了"荒无人烟的空城"。

"黑风暴"引发的大量人口迁移是美国历史上最大的一次人口迁移，到了 1940 年，大平原几个州约有 250 万人口外迁，其中有 20 万人涌入加利福尼亚州。正如 1935 年《矿工杂志》中所描写的那样，这些"生态移民"，当他们来到边境时变成一群不受欢迎的人。有位开着破车的当地司机，挺直腰板，歇斯底里地狂叫，就像一部失灵的机车上每一个铰链、轴承、连接部位都在发出刺耳的怪叫声一样，"加利福尼亚的救济名单现在严重满员，再来已于事无补"，而近乎崩溃的逃难者却不管他在说什么，只左顾右盼地照管着自己庞大的家庭成员，紧随其后。他们人挨人，几乎水泼不进，挤进去后再想挤丢都是不可能的事。最后洛杉矶警察局长只能动用 125 名警察，在州界充当人墙，对这些不受欢迎的人进行劝阻。

美国小说家斯坦培克在他 1939 年的小说《愤怒的葡萄》中写道："当时，无依无靠者从堪萨斯、俄克拉荷马、得克萨斯、新墨西哥被驱逐到西部。从内华达到阿肯色，"无数的家庭和部落，被沙尘暴扫地出门"，无数的人们流落他乡，有坐汽车的，有乘马车的，全都无家可归，饥寒交迫；2 万、5 万、10 万、20 万逃难者都翻山越岭，像慌慌张张的蚂蚁群，跑来跑去，到处寻找工作，蹿上蹿下，出出进进，左锄右刨，东采西樵，地上任何东西、背上的任何包袱，都成为果腹的食物。孩子们在饥饿中挣扎，无家可归，无处栖身。就像蚂蚁那样，仓皇奔跑，艰辛觅食，几乎所有的人都在为有一片安身之地奔波"。

这是大自然对人类文明的一次历史性惩罚。

这场"黑风暴"断断续续持续了十年左右，其中影响较大的有三五年。主要受影响地区是南部大平原，北方受影响的程度较轻。但是，因"黑风暴"造成的农业荒废使美国的经济萧条延长，其影响在世界各地都能看到。

美洲是人类历史新发现的一块大陆，开发的历史并不久远。自从哥伦布发现了这块大陆后，探险的开发者们，有的捷足先

登，有的接踵而至，开始了人类文明的旅程。

这里，森林、草原广布，土壤肥沃，新土地开发者们有着得天独厚的发展条件。于是，他们砍伐森林，焚烧草原，进行了历史性开发，创造着人类的文明之火。

在最初的几个世纪里，由于资源很丰富，这里从来没有受到过自然界的报复。那些开发者们没有"后顾之忧"，持续不断地接受着大自然的恩惠。

但是，在若干时期的过度开发之后，大自然终于发怒了。1934 年 5 月 11 日，这里发生了人类历史上一场空前绝后的黑色风暴。

人类听到了自然界的严厉警告。

美国西部的蒙大拿、堪萨斯、得克萨斯、俄克拉荷马和科罗拉多等州，曾经是一片青葱碧绿的原野。现在，经过多年的开发，它们已经失去原有面目，成了不毛之地的戈壁沙漠区域。过度开发，使森林、草原遭到严重毁坏，土壤风蚀非常严重。同时，连续不断的干旱，使土地荒漠化现象愈演愈烈。

此时，正是晚春季节。数日来，在炽热的骄阳照射下，广袤的西部大地被晒得滚烫，靠近地面之处，气温尤其高，像个蒸笼一样。

这时，靠近地面的热空气迅速上升，出现了一个个低气压中心；与此同时，周围的冷空气开始迅速涌进补充。冷热空气上下形成猛烈的对流，猛烈的旋风挟带着干旱的沙土扶摇直上，在空中出现一面宽几十千米，高几千米的尘土墙，向前迅速推进。许许多多连成一片的旋风，形成了可怕的黑色狂飙——黑风暴。

纽约是受黑色风暴浸染非常严重的地区。据当时记载，1934 年 5 月 11 日，从上午 11 时 45 分开始，纽约上空开始出现弥漫的尘雾，直到下午 3 时许才消失，前后持续了 5 个小时，黑色狂风席卷而来，沙土尘雾挡住了阳光，原来明朗的晴天顿时失色，变成一片昏暗。有人从窗口向外眺望，咫尺之内的高大建筑物也只能隐约可见，遮天蔽日的风沙穿街过巷呼啸而过，发出的凄厉之声非常可怖。

《纽约时报》在当天头版头条位置，刊登了题为"黑风暴——席卷1500英里，持续5小时"的专题报道，报道中说，远洋的航船因沙土尘雾影响视野而延迟出港；飞机驾驶员为了避开沙尘不得不将飞机爬高到1.5万英尺的高空飞行；城市住房和办公室里积满了沙土尘埃；人们的眼睛、鼻孔和耳朵内都有沙粒和尘土灌进。

据纽约气象局测定，当时白天的光度只相当于平常的50%，大气中的沙土尘埃比平时多了2.7倍，每立方英里至少含有40吨散土。据估计，这次黑风暴从西部草原刮走了大约3亿吨的沙质土壤，仅芝加哥一处，落下的沙质尘土就超过了5000吨。

一位亲身经历过黑色风暴的老人回忆说："那个时候，人们个个惊恐万分，仿佛是世界末日来了！"这次黑风暴是人类历史上前所未有的。它从加拿大的西段边界和美国西部大草原邻近几个州的干旱地区刮起，以60～100千米/小时的速度向东蔓延，一路上将无数的村庄、城镇和大中城市浸染，直达东部海岸，最后消失在数百千米的大西洋洋面。

黑风暴的袭击给美国的农牧业生产带来了严重的影响，使许多原来已经遭受旱灾的冬小麦枯萎而死，以致导致当时美国谷物市场的波动，冲击着经济的发展。同时，黑色狂暴一路洗劫，将肥沃的土壤表层刮走，露出贫瘠的沙质上层，使受害之地的土壤结构产生了变化，严重地制约了受灾地区日后农业生产的发展。其直接后果是使得当年美国的冬小麦严重减产，比前10年的平均产量大约减少了51亿千克。

有一种灾害性气候，称为龙卷风。对它，人们并不陌生，或许曾经亲眼看到过，或许听人说起过。

龙卷风，事实上是从积雨云中伸向地面的一种范围尽管很小，但破坏力却极大的空气涡旋，犹如黑色的云柱。它以极高的速度旋转着，形状既像一只漏斗，又像是"象鼻"，当它伸向海洋时，水面立即竖起一根水柱，出现与云天相接的奇观，人们把它称为"龙吸水"；当它伸向陆地时，地面立即卷扬尘土，并挟带房屋、树木等，形成一个泥沙柱与云天相连，人们称之为"陆龙卷"；当它伸向沙漠地带时，飞沙走石，沙尘开始弥漫

天空，人们称之为"沙龙卷"。

龙卷风来去匆匆，使人猝不及防，并且威力极大，能将地面上各种东西卷入天空，然后又落回地面，造成极为严重的自然灾害。

北美的黑风暴不是龙卷风，但与龙卷风非常相似，都是由局部地区低气压中心造成的。所不同的是，黑风暴挟带着大量的砂土席卷狂泻，一路昏天黑地，范围远远大于龙卷风，危害当然也大得多。

引起沙尘暴的因素有很多，在美国，主要由于土地利用不当、持续干旱以及大平原地区的土壤特殊性质。

这是一种不可抗拒的自然灾害。

干旱是引起 20 世纪 30 年代"黑风暴"的主要因素。在1930 年袭击了美国东部地区的干旱，1932 年向西部转移。1934年，整个大平原地区沦为荒漠。堪萨斯的记者艾尼尔·湃勒1936 年在描写俄克拉荷马州界北部时写道："如果想使自己心肺撕裂，就来这里，准能做到"，"这是一个沙尘暴的世界，是我此生见过的最为悲惨的土地"。

环
境
科
学

在 20 世纪，降雨和沙尘暴记录显示干旱大约每 20 年循环一次，单数的 10 年是干旱沙尘暴频发年，双数 10 年则是湿润且沙尘暴频率较低年。进入 20 世纪 90 年代后，这种循环不再出现。厄尔尼诺现象、改进

荒 漠

后的土地管理措施以及水土保持项目，使得美国南部高原沙尘暴整体状况与早期沙尘暴比较，发生频率开始减少，危害相对减弱。

最新的一项研究显示，北美整个大平原地区过去 2000 年的气候，也许经历了许多像 20 世纪 30 年代折磨北美的"黑风暴"

干旱年份一样的时期。公元 1200 年前，这一地区发生了较长的周期性干旱，频繁发生比 20 世纪 30 年代更为严重的旱灾和更强烈的沙尘暴。另一项研究显示，大气中二氧化碳浓度的不断增加很可能使旱灾的严重程度与发生频率增加，因此公元 1200 年以前发生的气候变异，也许会在北美大平原地区重演，引发毁灭性恶果。所以，随着大气中二氧化碳的不断增加，我们将会看到沙尘暴更频繁发生。在美国大平原地区，自然过程和当地特殊条件的结合使得这里的地表非常容易受到大风的侵蚀，并伴随发生沙尘暴。罕见洪涝冲积的沉积物，加上缺乏植被覆盖和季节性大风，使沙尘暴的发生有了便利条件。几千年来，这些风成沙尘物质由荒漠地区搬运到几千千米之外，在周边荒漠土壤上沉降淀积。在气候变化和人为干扰的情况下，植被消失，保护和固定荒漠的表土被毁，荒漠土地沉降的风成沉积物，更容易遭受大风侵蚀。例如，美国新墨西哥州白沙滩地区频繁发生沙尘暴，对位于白沙滩东南方的阿拉莫戈多市有着直接影响。较大一些的沙尘暴将盆地内地面风化矿物风成物吹蚀、搬运，携带到东北地区。白沙滩地区是石膏沙（硫酸钙）沉淀物堆积很厚的一个特殊地区，厚厚的白沙覆盖着美国新墨西哥州中南部萨克拉曼多和圣安第尔斯山脉之间图拉罗萨盆地中以前的卢塞罗湖泊。有人认为，这是地球上石膏风化物沉积沙丘地中最大的沙地，茫茫白沙是挑选卫星照片时最容易辨认的陆标。白沙国家公园内分布着天然形成的无数形态各异的沙丘。大风可导致白沙滩细沙颗粒移动，是形成细沙粉尘风成物的巨大沙尘源。但是，虽然北美黑风暴是一种严重的自然灾害，而它的成因却同人类对生态环境的破坏有关。"黑风暴"主要由落后的农业生产和多年的连续干旱所致。虽然美国大平原地区的旱魔是不可避免的，大约每 25 年发生循环一次，但干旱与土地利用不当，两者结合产生了"黑风暴"年份令人难以置信的蹂躏。美国西部干旱地区的开发，已有 100 多年的历史。这里气候干旱，雨量非常稀少，年平均降雨量只有 381～508 毫米，有的地方甚至低于 381 毫米。垦殖之初，人们比较重视水利资源的开发，除了政府直接投资兴修水利外，还鼓励私人企业投资，他

们兴修水库，构筑灌溉渠道，以扩大灌溉面积。因此，西部17个州的灌溉面积在1870年时不到12万公顷，而到了1930年已扩大到670万公顷。但遗憾的是，此后的开垦和移民工作是在无组织、无计划的情况下盲目进行的。欧洲和美国东部的居民，有的由私人企业招收安排前往，有的由个人自行迁徙。虽然，按美国当时颁布的有关开垦法案，对水利资源的利用权限和灌溉供水配额等进行了规定，但事实上各私营企业各行其是，自搞一套，致使水利资源不能合理利用，农业用水严重不足。与此同时，为了满足大量移民的粮食需要，盲目开垦土地来种植粮食作物；为了满足肉类的需求，又养殖了庞大的畜群，造成了过度放牧。时间一长，就导致草原退化，植物被破坏和土壤风蚀，形成了一片茫茫的戈壁荒漠。这次黑风暴是由于人们过度的开垦和放牧造成的。南部平原土地上原来草本植物固定着地表细物质，后来定居者用农作技术开垦，并拓建家园，毁坏了大片的森林和草原，导致水土无法保持，地表大面积裸露，使生态系统遭到破坏，在恶劣的气候条件下，便酿成了严重的灾害。

长期以来，人类不合理的经济活动，致使草原发生大面积退化和恶化。如超载放牧、牧业经营方式落后、滥垦草原及掠夺性开发等，形成了影响久远和范围极广的众多自然灾害。

首先，超载放牧会引发草原的退化。在草原上经营畜牧业会形成一种人工生态系统。在这个系统中，控制牲畜数量的因素有两个：人和草原载畜能力。人为的自然调控，可以取到既发展畜牧业，又保护草原的效果。但是，如果人类缺乏认识，不进行自觉调控，任由牲畜头数自由发展，超过草原所能承受的限度之后，那么就会引发大批牲畜死亡等灾难性后果。

超载放牧导致草原退化是逐渐演变的动态过程。牲畜过多会将所有可食的嫩草食光，于是便没有足够的牧草再生。载畜量过多，又会导致吃不饱的牲畜到处乱跑，将草皮踩实，从而使草长不起来，土壤无草保护，造成水土流失加剧。据研究，美国亚利桑那州的苏诺兰沙漠和新墨西哥州的一些沙漠就是在欧洲殖民者入侵后几百年间，因为过度放牧造成的。

其次，开垦草原将会使表层土壤受到侵蚀。美国西部在1870年的土地开垦面积还不到180万亩，但到1930年已经扩大到1.1亿亩之多，60年间增长了60多倍。于是裸露的土壤面积增加，风蚀加速；加上这里气候干旱，水分不足，随即酿成了巨大的灾害。据事后调查，这次黑风暴平均刮走5～30厘米的表层土壤，毁坏了约上千万亩农田。

再次，经济活动也加剧了土地沙漠化。草原生态环境的恶化的主要原因是人为因素。人口增加和经济活动的频繁，给草原生态系统带来很大压力。

第一次世界大战期间小麦粮食需求剧增，使表土损失殆尽。大量饲养牛羊，使草场放牧过度，西部平原地表植被覆盖过度啃食，干旱来临，地表遭受大风剥蚀。大平原草地区深耕后种植小麦，降水充足年份，粮食高产丰产。在20世纪30年代早期干旱加剧之后，农民依然从事耕种业，却颗粒无收。地表没有了植被的保护，大风席卷旱田扬起沙尘巨浪，直冲天空。一连数日，天空黑暗一片，连封闭良好的房子里的家具上也都积有厚厚的一层尘埃。有些地区地面上的沙尘，像雪片一样随风滚动，将农田掩埋。

人类在向自然界索取时种下了苦果，必然要受到自然界的严厉报复，这种报复是不可抗拒的。黑风暴的发生，就是现代农业的开垦和过度放牧造成草原、森林毁坏带来的恶果。

美国西部无节制的垦荒和放牧的危害之一是使土壤的风蚀加速。

在开垦和放牧之初，西部草原地区土地的风蚀就开始出现。但在第一次世界大战期间，因为国外对谷物的大量需要，致使对草原进行了更大规模的开垦。农民们在这里大面积地种植小麦、玉米和棉花，并采用了单一的耕作制度。这种单一的耕作制度，加速了土壤的进一步侵蚀。大片开垦种植小麦、棉花的地方，因为缺少水土保护措施，每年有大面积的农田由于土壤风蚀而衰退。

据密苏里州农业试验站提供的资料显示，在坡度为3°～4°的土地上，如连续耕作牧草，0.4公顷土地每年平均流失土壤

0.3 吨；在同样的面积内，连续种植玉米，每年平均要流失土壤 19.7 吨；而裸露地，在同样的面积内每年土壤流失则高达 41 吨。

另据科学家估算，天然草原减少 177.8 毫米表土，需要约 2000 多年的时间；如果采用玉米连作，则只需 49 年，裸露地则只需 18 年。

美国西部干旱地区的野马

由此可见，土壤的迅速风蚀使美国西部地区在 20 世纪 30 年代遭受了严重的风沙之害。

过度开垦和放牧造成的危害之二是使草原大面积退化。

随着大规模的向西部移民，开垦和放牧范围不断扩大。人们对粮食需求不但急剧增加，同时对肉类的需求也大量增加。于是，在茫茫的草原上有了成群结队的牛群和羊群。庞大的畜群践踏着草原的植被，破坏着这里的生态环境。这种没有节制的过度放牧，使自然草原的植被大面积被毁坏，裸露地不断扩大，水土流失非常严重。

1931 年，美国政府有关部门对堪萨斯州的一个农场进行了调查。在原始草原的草地上，野牛草、须芒草、五穗格兰马草等优良牧草，占整个草原面积的 85％，而其他草类，如豚草、小大麦、一年茶等普通牧草只占整个草原的 15％。但是，大量的开垦和过度的放牧，使优良牧草急剧减少，草原生态趋向退化。同时，草原植被也发生了明显变化：地表裸露面积达 85％～95％，草原面积不到 10％。

原来这里的原始草原和牧草地有厚达 304.8 毫米的黑褐色土壤表层，但经过了二三十年后，不少地区流失了厚达 152～254 毫米的肥沃土壤，有的地方土壤层被全部风蚀掉，裸露着贫瘠干裂的沙质生土。草原的这种退化现象，在当时西部大草原

各州存在很多。广袤的草原在哭泣、在呼救，然而人们却一无所知。草原的大面积退化，使草原生产力大大降低。

过度开垦和放牧造成的危害之三是引发了灾害性的黑风暴。

美国西部的干旱地区，水分原本不足。自 1931 年以后，这个地区又连续多年遭受干旱，使灾情更加严重。草原植被遭到破坏后的裸露地，土壤干裂、疏松、粉碎，水分早已蒸发殆尽。这种状况不但影响了草原的生产能力，而且难以抵御和防止狂风的袭击。一遇到高空低气压气流，干透了的尘土就会被卷起，出现风沙蔽日、天昏地暗、危害严重的黑风暴。

于是，不可抗拒的灾害性气候不断降临。在西部土壤侵蚀严重的地区，接二连三地发生黑风暴。1933 年 4 月，西部地区首次出现黑风暴现象，它从俄克拉荷马、堪萨斯和得克萨斯等地区开始，一直蔓延到加利福尼亚州，毁坏了大约 60 万公顷农田，卷走了约 51～305 毫米厚的肥沃表土层。接着，在第二年就出现了举世震惊的黑风暴袭击事件。在这次黑风暴发生后的两三年，即 1936 年冬和 1937 年春，这里又先后遭遇了黑风暴的侵袭。其中后一次黑风暴，源于西部各州的一个狭长地区，横扫了半个美国，最后消失在墨西哥湾。

草原的大面积退化，导致黑风暴的发生；而黑风暴的袭击，使生态环境的恶化又进一步加剧了。在这种黑风暴的作用下，使本来已经遭到破坏的生态环境遭到了更为严重的失衡，大量牧场和农田被毁，不少地区的土壤发生了严重的沙质化，沙漠地带不断扩大。

黑风暴的不断肆虐，使美国西部的开发遇到了严重阻碍。在突如其来的灾害面前，开始人们总是感到势孤力单，常常表现出无能为力。特别是美国在开发西部时，没有一个通盘计划，都是分散经营的。这种分散经营的方式，决定了各个私人企业根本无法面对如此大的自然灾害。

在第一次世界大战期间，因为战争需要大量的农产品，美国在这里盲目地进行了大面积的开垦种植；在战争结束后，市场农产品价格开始下降，许多农场倒闭、生产停顿、土地荒芜。对于连年的干旱和风蚀，私人企业更难应付，很多人被迫背井

离乡。这些正是 20 世纪 30 年代美国农业人口大迁移的重要原因。

在多年旱灾和风蚀日趋严重的情况下，美国西部大草原地区的大量农业人口，主要是农民和牧民，丢弃农场，落荒而逃，涌向城市，严重地影响了美国农业经济的恢复和发展。美国政府于是制订了"农业复兴计划"，其中包括如何安置逃离西部流向城市的农牧民。到 1942 年底，美国在市郊建立了 95 个营地，收容了 2 万户流落到城市的农牧民。

其实，美国对土壤侵蚀及其防治问题的研究早在 1929 年就已经开始了。1933 年，美国政府成立了土壤侵蚀局，同时在重点地区设置了"小流域示范区"。1935 年，在农业部下又成立了土壤保持局。经过多年的兴修水利，美国政府采取了一些水土保持措施，解决了部分地区严重干旱的问题。但是，因为经营分散，缺乏统一的宏观调控，他们没有从根本上解决西部的干旱和风蚀问题。

大自然的惩罚还在继续发生。

虽然这一地区 1999 年所报道的沙尘暴发生总天数（大约 40 天）比以前要少（大约 60 天），但在得克萨斯州西部和新墨西哥州东南部还是发生了几次影响非常大的沙尘暴，1999 年 1 月和 9 月其他地区也发生了沙尘暴。这些沙尘暴都造成了严重的人员和财产损失。

席卷中亚的盐沙尘暴

中亚——原苏联地区盐（沙）尘暴日数从西北到东南递增，卡拉库姆沙漠中部风沙盐尘暴日数最高。盐沙尘暴发生地区可以划分为北部与南部两个亚带。

北部盐（沙）尘暴分布与频率，其明显的特点是呈斑点状零星分布；在南部中亚地区，则具有明显的地带性。

南部发生频率较高的地区（年平均风沙盐尘暴日数 20 天或以上），大多是风力大、土壤质地较轻、结构简单和过度使用的地区，或者是沙质土壤并且植被稀少的地区。风沙盐尘暴日数较高的地区包括：里海沿岸盆地和伏尔加—乌拉尔沙地，这里每年平均风沙盐尘暴日数为 20～30 天，有些年份高达 67～108 天。哈萨克斯坦南部，沙区和盆地的风沙盐尘暴日数较高，因此，锡尔河和伊犁河平均风沙盐尘暴日数大约为 28 天，最大为 67 天；在南部的巴尔喀什湖沿岸，平均年风沙盐尘暴日数则达到了 30～103 天。风沙盐尘暴日数最高记录是卡拉库姆沙漠中部，超过 60 天。沙丘地区观测的风沙盐尘暴最高频率为：卡拉库姆沙漠东部（原苏联的列别捷克）达到 62 天，西部（流动沙丘与盐漠混合分布）大约为 67 天。在非正常年景，卡拉库姆沙漠中部的风沙盐尘暴频率达到 106～146 次。风沙盐尘暴大多发生在 4～10 月间，北部 11 月～次年 3 月发生风沙盐尘暴的频率极小。而在南部，差不多一年四季都有风沙盐尘暴发生。

在中亚的南部亚地带，气象台站记录的最大风沙盐尘暴频率发生在 5 月。在南部亚地带的西部，风沙盐尘暴最高纪录是在 6～8 月。在乌斯秋尔特北部，最高纪录是在 4 月，在该地带的东南部，观测的最高风沙盐尘暴日数发生在 6 月，而其南部则发生在 7～8 月。

土库曼斯坦 18 个气象台站 60 年来的资料显示，1930～1960 年期间，盐沙尘暴比较少；1960～1980 年期间风沙盐尘暴的频率增加了 3 倍；1980～1985 年期间，风沙盐尘暴发生的频率下降幅度很大；1986～1993 年期间，则开始进入一个过渡时期；1993～1995 年期间，风沙盐尘暴发生频率显著增加。

1948 年、1950 年春和 1955 年有人在伏尔加河流域观测了这些风沙盐尘暴。风沙盐尘暴发生期间有人观测到，只在东风和东南风迎风面有白色盐物质或者微苦盐性粉状物质出现。1950 年 4 月期间，伏尔加河流域下游盐暴形成的地面尘埃非常薄，不足 1 毫米，但是，地面所有被尘埃覆盖的物体差不多全是一片灰色，植被像是蒙上了一层白霜。

1952 年 4 月 4～7 日，咸海—里海盆地和具有众多盐漠分布的里海盆地北部地区发生盐（沙）尘暴引起的尘埃和盐粉沉降物。沉降物吹蚀、搬移和浮尘距离为 400 千米。盐（沙）尘暴

发生的地区在 500～600 千米以内天空和大地都被阴云笼罩。

1955 年 4 月，同一地区出现了更为密集强烈的白色盐（沙）尘暴。当年第一次盐（沙）尘暴于 4 月 10 日，出现在咸海—里海盆地整个地区。东风和东南风风速达到 15～20 米/秒，在 3000 米的高度，风速达 50～60 千米/小时，气流卷起地面的粉尘和盐尘，然后搬移、飘浮到伏尔加河的中游、下游地区。好几个气象台站记录了 4 月 11 日上午 6 时出现的盐（沙）尘暴，下午 4 时达到最高峰值，直至次日下午 5 时停止。迎风面地面物体和植被上落了 0.1 毫米厚的一层灰白色粉尘。化学分析结果表明，47.4％为可溶盐沉降物，而 52.6％为不可溶残积物。总盐量中，硫酸盐高达 90.6％，氯化物为 7.4％，重碳酸盐为 2％。据估计，每公顷土地沉降了大约 25 千克的硫酸盐。1955 年 4 月 18～22 日，再次出现了更强的风沙盐尘暴，从强度与范围来看，这些盐粉沉降物属于罕见现象。4 月 18 日这一天，哈萨克斯坦西部风速达到 15～20 米/秒，有些地段高达 25 米/秒，接近飓风风力，风卷盐（沙）尘暴形成巨大的沙尘云团直接袭击哈萨克斯坦西北地区、北部地区以及伏尔加河流域中上游地区；4 月 19 日，盐（沙）尘暴抵达高尔基市，形成阴霾天气，能见度仅为 1000 米。

盐暴和盐（沙）尘暴强度随着时间的变化也在变化，例如 1975 年 5 月 22 日，咸海上的盐（沙）尘暴云团覆盖了 1.4 万平方千米的面积，而 1979 年 5 月 6 日发生在同一地点、同样严重的盐（沙）尘暴云团覆盖了大约 4.5 万平方千米。

热带风暴

1979 年 5 月 6 日，特强盐（沙）尘暴对整个咸海地区和乌

斯秋尔特高原造成威胁，盐（沙）尘暴云团长度超过 500 千米。盐（沙）尘暴吹蚀的面积为 2 万～3 万平方千米，而周边受到影响的土地面积则达 50 万平方千米。

震惊全国的"五五"黑风暴

1993 年 5 月 5 日，一场突发性沙尘暴灾害出现在新疆、甘肃河西走廊、内蒙古西部和宁夏、陕北一带。这场沙尘暴在我国以往沙尘暴趋于平静 40 年，年老的人对过去已经淡忘，年轻人没有经历，整个社会防治沙尘暴的意识非常淡薄，毫无思想准备的时刻发生了。它造成了巨大的损失，也为全社会敲响了防治沙尘暴和荒漠化的警钟。

"五五"沙尘暴始源于新疆北部，消亡在宁夏的东部。经过了新疆的乌鲁木齐、吐鲁番、哈密，甘肃省的酒泉、张掖、金昌、武威、古浪、景泰，内蒙古的额济纳旗、阿拉善右旗、巴彦浩特、磴口、吉兰泰、乌海市和宁夏的中卫、青铜峡、惠农、陶乐、银川等 18 个地（市）的 72 个县（旗），直接影响面积达到 110 万平方千米，相当于全国总土地面积的 11.5％；灾区人口达到 1200 万。

"五五"沙尘暴发生在 1993 年 5 月 3 日 20 时，西伯利亚鄂尔斯克以北地区极地冷空气南下；5 月 4 日 20 时，新疆北部有 20 米/秒的大风出现，乌鲁木齐市西北的古尔班通古特沙漠边缘出现沙尘；5 日 8 时的高空和地面天气图显示，风沙的前锋东移至酒泉西部敦煌一带，锋后新疆东部哈密附近和马崇山一带出现了 20～24 米/秒的大风天气，并向东南方移动；5 日 13 时 52 分，大风袭击了高台县，最大风速为 25 米/秒，当时的天气非常恶劣，形成黄风。临泽 14 时 16 分，张掖 14 时 19 分，民乐 14 时 25 分出现沙尘暴天气；5 日 15 时 42 分，金昌市已形成特大沙尘暴，最大风速 34 米/秒，风力达 12 级，在很短的时间里黄尘蔽日，天昏地暗，空中发出沉闷的雷鸣声，由尘云构成的巨壁拔地而起，直冲天顶。光线顿时昏暗，颜色也时灰、时红、时黑，能见度几乎为"零"。尘云如排山倒海；特大沙尘暴运行

到武威是 5 日 16 时 40 分，到达古浪是 17 时，景泰为 17 时 50 分，抵宁夏中卫县已是 19 时 26 分，陶乐为 20 时 2 分，从高台县到达中卫县用了 4 小时 57 分钟。

沙尘暴过境前，上风向地平线上有灰黑色的沙尘墙急速移过来。人们清楚可见的"五五"沙尘墙高约 300 米。浓密沙尘带顶实际上要高得多，沙尘暴过后根据各种迹象推算，浓密沙尘带顶处高度可达 22 千米。

在靠近沙漠、沙地、戈壁以及风蚀残丘的地带，或是处在沙漠里的绿洲，由于沙尘暴的袭击，地面遭到强烈风蚀，同时又在靠近地面形成强烈的风沙活动，对农作物造成风蚀、割打和沙埋等灾害。大风卷起沙尘，埋压农作物和牧草，果树的花蕾被全部吹掉，瓜菜也被毁坏。

沙尘暴过境时能见度极差，影响视线，火车被迫停止行进；铁路上积沙造成火车脱轨、停运等问题，如兰新线停运。沙尘暴对公路危害与铁路相似，风蚀路基，破坏路基的稳定；流沙掩埋公路中断交通，路面被风沙侵蚀，形成搓板路面，降低汽车寿命，同时加大行驶汽车的耗油量。沙尘暴过境时，由于能见度差，汽车无法行驶。对航空运输也有很大影响，特大沙尘暴来临时，飞机场被迫关闭，飞机无法降落返航。

沙尘暴过程中粉尘物质的转移，使空气含尘量增加，污染大气，如金昌市空气的含尘量高达 1016 毫克/立方米，室内含尘量 86.7 毫克/立方米。降尘量 161～266 吨/平方千米严重影响了人体健康。

"五五"特大沙尘暴导致的经济损失不亚于中等地震所造成的损失。据林业部组织的沙尘暴科学考察队报告，此次沙尘暴灾害导致 85 人死亡，31 人失踪，264 人受伤，在死亡和失踪者中大部分为青少年。损失最严重的是农牧业生产，农作物受灾面积达 37.3 万公顷，果树受灾面积 1.63 万公顷；数以万计的塑料大棚被毁坏；死亡和丢失大小牲畜数量多达 12 万头（只）；草场和农业基础设施破坏严重，沙埋水渠长达 1000 多千米，许多水利设施如塘坝、坎儿井等被风沙破坏。刮坏和刮倒 6021 根电杆，一些地区的输电和通信设备遭受严重毁坏，许多处铁路

和公路因风蚀和沙埋中断。兰新铁路运输中断 31 小时，内蒙古乌海市至吉兰泰专用铁路线中断 4 天，造成火车停运或晚点 37 列次；2.8 万吨工业用盐和芒硝被刮走；风沙埋压房屋 4412 间，无数棚圈倒塌。直接经济损失 5.6 亿元人民币。此外，还导致了严重的环境问题。大部分地方地表土层被吹蚀 10～30 厘米，丧失土壤肥力，沙漠边缘流动沙丘前移 1～8 米，埋压农田和草场。

我们都知道，黄土高原是中华文明的发源地，疏松的黄土易于耕作，使我们中华民族最先进入农业社会。另一方面，没有沙尘暴就没黄土高原。

防治荒漠化之路

通向未来的道路实际并不平坦，只有一条小径，那就是调整人与自然的关系，努力防治荒漠化，改善我们的环境。

大自然之所以对人类有如此巨大的处罚，归根到底是因为人类缺乏对自然界的清醒认识，缺乏对自身行为颇具见地的估量，而不应该一味向自然界无情地索取和掠夺。人类在破坏森林、毁坏草原、贪婪地获得土地与财富的同时，自然界也用它自身固有的不可抗拒的规律向人类开展了攻势。为了避免大自然的报复，避免不必要的人为因素导致自然灾害，我们必须改进我们的认知哲学，树立新的价值观念，调整人与自然的和谐关系。

人与自然的关系不是统治与被统治、征服与被征服的关系，而是一种长期共存、和谐共处和协调发展的新型合作关系。

《联合国防治荒漠化公约》是国际社会的一大奉献。公约明确指出，防治荒漠化包括干旱、半干旱和亚湿润干旱地区为可持续发展而进行的土地综合开发的一些活动，目的是：（一）防治和减少土地退化；（二）恢复部分退化的土地；（三）开垦已荒漠化的土地。

公约的核心内容是所有受影响的国家承诺制订并执行预防土地退化的活动方案。其重点在于公众的参与，还可帮助当地

人民自食其力，预防并扭转土地退化形势。公约的执行将适合于各区域——非洲、亚洲、拉丁美洲和北地中海的具体需要。和谐将是成功的关键之一。公约为发展中国家、捐助国家、政府间机构和非政府组织可以参加一种寻求发展的新伙伴关系提供了一个平台。捐助国家承诺援助发展中国家防治荒漠化，这一点甚为重要。

当前国际上荒漠化研究的总趋势是：把土地荒漠化问题当做是一个严重的环境以及社会经济问题，从自然、社会、经济方面进行全方位综合性的研究。

虽然我们经常把土地荒漠化归咎于对土地资源利用不当。但土地剥蚀现象的元凶通常是社会、经济的不平等分配。由于人口剧烈增加，土地分配不均，绝大多数农民几乎都在非常脆弱的土地上，如陡峭的山坡地和荒废的雨林旱地耕作，那些土壤非常容易受侵蚀，接着也就立刻流失。例如，卢旺达在20世纪80年代中期，有一半农地都是在陡峭的山坡地，同时因过度耕种与土地侵蚀，导致谷物总产量锐减。

墨西哥一半以上的农民都是在陡坡上耕种，生存很勉强。如今这样的坡地，竟占墨西哥总农地面积的1/5。水资源与农地一样是人类谋福利，同时也是食物、健康与经济发展的基本资源。然而有许多国家，水资源已日益稀少，其中包括水荒与水资源污染。若以每人年用水不到1000升划定面临水荒的话，从1990年开始，有26个国家、3.3亿人是处在水荒下生活。

河川与地下水的过度使用，不只是发生在缺水国家，更多国家和地区因过度抽取及使用地下水与河水，造成地层下陷、海水倒灌、湖泊变干，最后水资源也会跟着减少而造成水荒。在美国，有超过400万公顷的土地，相当于灌溉面积的20％，都在过度抽取使用地下水。我国的华北平原，包括北京平原，地下水位已降至地面以下20米。过度抽取使地下水渐渐消失的情形，在全球各地非常普遍，包括墨西哥、中国、印度、泰国、北非国家与中东等地区。

另一个来源于水源管理不当所导致的问题是过度用水使局

部地区土浸水而造成盐碱化作用。土壤中淤积盐分，使得埃及、巴基斯坦与美国的农产品减少三成。根据一份概略的资料估计，全球 10% 的灌溉农地——2500 万公顷的面积淤积盐分。而且每年有 150 万公顷的面积的土地继续加入盐化行列。

目前地球上能够观察到的土壤与水资源恶化情形，很大因素都是气候变迁的结果。因为全球升温所造成的降雨形态的改变、植物生长带的转移、海平面上升等现象，都严重威胁到农作物的收成、淹没海岸低洼人口稠密区、妨害人类的居住安定，由于盐水浸入而危害河口与地下水，降低物种多样性。

已有的防治荒漠化的方法大部分偏重治标而非治本。这些方法注重缓解荒漠化的影响并减少似乎直接助长此种影响的各种人类活动。

这种力求直接处理过度种植、过度放牧和不良灌溉等问题的方法，却不真正解决造成这些问题的根本社会和经济压力。实际上，这种做法的结果往往是指责荒漠化受害者造成荒漠化，而不认真设法去了解他们所无法掌控，而迫使他们过度利用土地的各种力量。

现在人们承认这种狭小的焦点就是关于制止蔓延的《1977年行动计划》执行情况让人失望的原因之一。《联合国防治荒漠化公约》着力于纠正这一点，把社会和经济问题归为其分析和执行工作的核心，使这些问题与荒漠化的自然和生物方面的问题具有同等重要性。在公约规定的义务之中，受影响国家缔约方承诺"处理造成荒漠化的根本原因，并特别防备助长荒漠化过程的社会经济因素"。

荒漠化防治及荒漠化区域的可持续发展，同其他领域一样，要用科学技术武装力量，我国在防治荒漠化的理论与技术上，已经有了一套相对成熟的办法。但在荒漠化区域可持续发展战略上，从研究到实践仍然非常薄弱。实践表明，荒漠化的区域可持续发展，是巩固和实现荒漠化防治的保障，从理论探索上和从实践上设计荒漠化区域可持续发展，是目前我国荒漠化防治研究中亟待加强的重要工作。

科学家们最近提出了"有序人类活动"的设想。"有序人类活动"指通过合理安排和规划，使自然环境在长时期、大范围不发生显著退化，甚至能够持续好转，同时又可以满足当时当今社会经济发展对自然资源和环境的需求的人类活动。

有序人类活动包括三个主体：

（1）政府机构。它主要具有两个方面功能：①向实体或群众提供法律依据、政策指导和指令以命令、指挥或引导群众或社会实体具体实施有序人类活动；②向科学界提出要咨询的

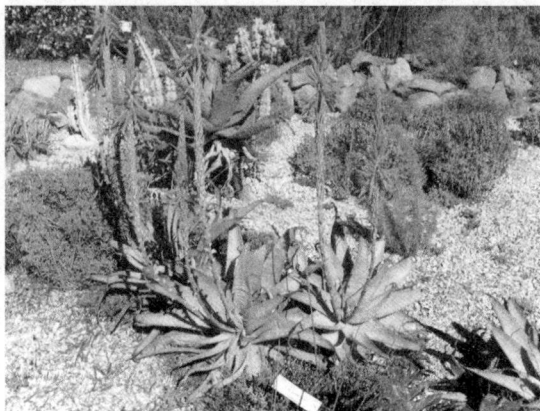

多肉植物有助于防治沙漠化

重大战略问题并给相关的科学研究提供各方面的支持。

（2）科学界。其作用包括：向政府机构提供决策依据、决策理论和具体的决策方案；向群众或社会实体提供进行有序人类活动的知识或技能，帮助他们制订计划，研究执行过程中所产生的新问题的解决办法；通过对人类活动和生存环境关系的观察，取得感性认识，进一步分析研究后，将感性认识上升为理性认识，形成有利于人类活动的相关理论和方法。

（3）群众和实体。其主要作用是根据政府机关提供的指令和科学界提供的具体实施方法，同时向科学界和政府提供经验和意见反馈。

水土污染的恶果

在我国南海北部湾东北岸，有一个令人向往的珠宝之乡：广西合浦。"珠还合浦"的民间故事在乡亲们的嘴边流传了上千年。合浦海域产的珍珠，叫做"南珠"，细腻圆滑，光润晶莹，玲珑多彩，历代皇朝都当作稀世珍宝。在国际市场上，更有"西珠不如东珠（日本），东珠不如南珠"之说，合浦珍珠的质

量可称世界珍珠之冠。

从 1958 年合浦办起我国第一个珍珠养殖场起，珍珠生产实现了基地化，科技成果的推广让珍珠生产飞速发展，由六七十年代产珠几十千克，到 1995 年的年产 845.3 千克，全县的珍珠养殖场也从 1962 年的 2 个，到 1995 年的 80 多个，养殖珍珠的面积已达 1300 多公顷，年产值已超过 1 亿元。然而近几年，人们发现，合浦珍珠的质量正在下降，正在失去其往日以质优名扬四海的风采。合浦人在思考：珍珠质量下降的根本原因是什么？

合浦人找到了答案。

原来，是合浦沿海海域的严重污染改变了珍珠的性状。这些污染包括：

（1）沿海工业排污。沿海化肥厂、水泥厂、爆竹厂等排放的工业废水、废渣严重污染了沿岸海水。

（2）施放的农药和化肥对海洋造成的污染。1985～1995 年，合浦共使用化学农药 22987.6 吨，使用最多的有"鱼塘精"、"乐果"和"敌百虫"，农田附近的大小河流都受到农药、化肥的不同程度污染，河水流入海里，造成海洋污染。

（3）船舶含油污水的污染。合浦沿岸往来频繁的运输船和 80％的渔船是动力船，船只排出的机舱水、洗舱水和压舱水中，含有大量的油渍，造成沿海海水的污染。沿海群众的生活排污也污染了沿海珠场海水，同样影响到合浦珍珠的质量。

今天的合浦人正在用他们的双手保护海洋环境，让南珠恢复昔日纯正的光泽。

是什么原因导致我们的海洋不再湛蓝？除了围海造田、竭泽而渔外，污水、废物的排放是导致近海环境质量下降的原因。"贫穷是最大的环境问题"，沿海地区人口的急剧膨胀，无节制的资源消费、落后的生产方式和陈腐的生存道德观，是海洋环境污染的终极原因。

气候宜人风景优美的海滨，本来是人们休闲游览、避暑疗养的胜地，合适的地区还能够开辟海滨浴场。但是污染物质大量进入海洋后，使优美的海滨环境遭受破坏，碧波荡漾、游人

如潮的盛况成为过去，接下来的是人们的慨叹与惋惜。许多著名的旅游城市，海水浴场表层漂浮着黑色的油脂和五颜六色的垃圾，海滩上到处是木片、碎纸和油污，很大程度上降低了海滨的观赏和使用价值。最为严重的是，受污染的海水中各种病菌大量繁殖。在波罗的海，由于来自斯德哥尔摩的污水中含有腺弐病毒，使众多游泳者患上传染病。

进入海洋的固体污染物质，给人类的海上生产和航运缔造了重重障碍。每年夏天，在波罗的海的松得海峡附近海区的渔民捕获的通常不是水产品，而是一网网的海洋垃圾，由于这里有几百艘客轮经过，这些船每天产生 50～400 立方米的废物。

海水中蕴藏着丰富的化学物质，是天然的食盐生产基地，又是碘、钾、镁、溴等元素的重要供应站。因为污染物质的侵入，天然海水中有害物质的比例大大增加，影响了海水的使用品质，也让原来的生产过程复杂化。

一个健康的成人每天需要从各类食物中，获取 5～20 克的盐来维持人体血液的渗透压，来保证新陈代谢的顺利进行，如果摄入的食盐中长期含有重金属等污染食品，必然引起中毒。世界上第一颗原子弹爆炸后不久，科学家

海水晒盐

在日本盐田苦卤析出的光卤石里，发现了放射性同位素——铯。海水晒盐的生产过程本来很简单，但由于海水遭到污染，按照传统方法生产，海水中的有害物质必然混入海盐中，后果将非常严重。

某些污染物质在海水中会发生相互作用，生成新的有害物质，影响到海水的使用。当含硫化钠的废水与含硫酸的废水混合后，会产生有毒的硫化氢。如果海水受到有机污染，某些有

环
境
科
学

害的海洋生物就会大量繁衍。沿海工厂设备通常利用海水作冷却水，大量繁殖的海洋生物会造成冷却水管堵塞，酸碱等污染物质严重侵蚀港口设施。海洋污染给人类利用海水增添了麻烦。

污染物如幽灵一般纠缠着海洋，受害最严重的是成千上万种世代在海洋中繁衍生长的海洋生物。多少年来，海洋生物依循自己的生活习性自由地生长繁衍、传宗接代。但是，当名目繁多的有害物质大量

海岸上的垃圾

侵入海洋后，它们的生存空间被无情地破坏了，海水中溶解氧含量降低，各种毒素和细菌、病毒肆虐，海洋生物陷入危险境地，海洋生态系统面临严峻的挑战。

消除残膜污染的方法

残膜污染面扩大，使得环境污染量增加。我国农膜年产量百万吨，并且以每年10吨的速度递增。随着农膜产量的增加，使用面积也在迅速扩展，目前已突破亿亩大关。不管是薄膜还是超薄膜，无论覆盖何种作物，所有覆膜土壤均存在有残膜，污染量在持续地增加。但残膜处理及回收由于涉及经济利益问题，所以比较困难。就目前情况来说依旧存在以下问题：

（1）残膜的环境管理薄弱。现阶段农民对地膜污染的危害有一定的认识，但他们的长远观念差，注重当年效益，忽视长远效益，棉花收获完毕时间已经很晚，同时紧跟着就要进行秋翻秋耕为来年生产打好基础，残膜来不及人工捡拾就被翻入耕层。来年开春春播紧张，土地耙平紧跟着就要抢墒播种。秋末、初春尽管可以安排劳力捡拾残膜，但天气情况给人工回收残膜造成相当程度的困难。

（2）法规体系不健全。我国现在还没有建立农膜环境方面

的法规及农膜土壤残留标准，土壤残膜污染实际上处于放任自流的状态。而国外一些国家法律明确规定，不管使用何种农膜，农作物收割后不许存在农膜，否则将处以罚款。

（3）农膜质量较差。国内农膜强度低，耐用性差，使用寿命短。其主要原因是农膜的熔融指数（MI）高，难以降解。一些不宜用作农膜的树脂（如耐老化性差的高密度聚乙烯）也被用作农膜原料，其用量相当于农膜总量的1/5。这些劣质农膜易破碎，却不易清除，这是造成农膜污染的重要原因。

要防治地膜污染应遵循"以宣传教育为先导，以强化管理为核心，以回收利用为重要手段，以替代产品为补充措施"的原则，积极防治残膜污染，主要以清理和回收利用来减少污染，同时依靠有利于回收利用的经济政策提高回收利用率。

残膜回收

1. 建议制定残膜残留量标准。要制定必要的农田残膜残留量标准和残膜残留量超标准收费标准的法规限制，使农田地膜污染早日纳入法制管理轨道。

2. 加快制定有关回收残膜的经济政策。要制定一些优惠政策用来支持回收、加工、利用废旧地膜的企业的发展，要调动其积极性，为了减少政府负担，同时体现"谁污染、谁治理"的原则，应要求地膜销售门市和地膜消费者自行回收利用。无法自行回收利用的企业或个人要交纳回收处理费，用于对回收利用者的补偿。可采取人工和机械回收相结合的方法，加大残留地膜回收力度。除头水前揭膜措施外，还能组织人力和劳力用手工或耙子回收利用残留地膜，在翻地、平整土地、播种前及收成后可采用地膜回收机回收，也能得到较好的效果。如辽

宁省农机化研究所研制的 ISQ－20 型地膜消除机，新疆麦盖提县研制出的环形滚动钉齿式残膜清除机，推广使用效果不错。另外，加强地膜韧性，有利于残膜回收。现阶段，农村大量使用的农用地膜都为超薄膜，厚度为 0.007 厘米，易破碎，难回收。而国外及内地一些省市使用的地膜都很厚，不易破碎，因而易回收。建议增加地膜厚度以增强地膜韧性促进残膜回收。

3. 大力推广适期揭膜技术。所谓适期揭膜技术是指把作物收获后揭膜修改为收获前揭膜，筛选作物的最佳揭膜期。具体的揭膜时段最好选定为雨后初晴或早晨土壤湿润时揭膜。地膜棉花应在头水前揭去。

海岸的垃圾塑料

4. 研究开发新材料，寻找农膜替代品。实践表明，研制出易降解、无污染的新材料才能根本解决地膜污染。目前使用的地膜都为聚乙烯农膜，化学性质稳定，不易分解和降解，因而造成土壤环境的污染。所以要鼓励开发无污染、可降解的生物地膜，替代聚乙烯农膜。目前，生物农膜强度不够或成本较高而难以推广，应进一步改进和优化生物农膜的性能，逐步降低成本，以利推广和使用。

5. 优化耕作制度。进一步加强倒茬轮作制度，经过粮棉、菜棉轮作倒茬减少地膜单位面积平均覆盖率，从而减轻残膜污染危害。

6. 加强对耕作农民的宣传教育。防治地膜污染是一个系统工程，需要各部门、各行业和广大农民群众的一起努力、支持和参与。要大力开展宣传教育，提高各级领导和农民群众对地膜污染危害的长远性、严重性、复原困难性的认识，使回收地膜的自觉性提高。

采用地膜覆盖栽培技术能达到增温保墒而增产丰收的目的。

同时，留在土壤中的残膜也使耕地受到污染。长此下去，土壤物理性质变坏，肥力水平下降，作物根系生长困难，禾苗发育迟缓，造成减产。更为糟糕的是由于残膜长期堆积有可能完全破坏土地资源的生产潜力，使大片良田变为荒芜的荒漠土地。所以，治理地膜污染，保护农田生态环境是地膜种植持续发展的关键。当前在可降解、无污染的地膜还没有大面积推广应用的形势下，适期揭膜技术是防治残膜污染的有效办法。此技术可提高回收率，防治地膜污染，保护耕地肥力，因此，要加强宣传教育，提高各级领导和农民群众的环保意识，大力推广适期揭膜等地膜污染防治技术，减少残膜残留量，确保农业持续丰收。

环
境
科
学

第四章　食物污染与人体健康

食物的概念及食物污染

食物是指那些食用并吸收之后产生能量，促进身体发育、修复或调节这些过程的物质。它成为人类生存不可缺少的重要部分。生物以蛋白质方式生存，同时以新陈代谢的特殊形式运动着。食物取之于环境，在代谢后又回归环境，可以看出人类经由食物与环境的关系是很密切的。

食物作为环境中的一员，它保证了人类赖以生存的第一需要，也时常通过各种方式和各种途径对人类的健康产生影响并带来许多疾病。祖国医学指出："病从口入。"说明我国古代人民对此早有认识。

什么是食物污染？联合国相关文件作了如下解释：食物污染指食物中本来含有的或加工时人类添加的物理性或化学性物质。其共同特点是对人类健康有急性或慢性危害。简单地说：食物污染是对人体健康有害的化学物质或病原体依附或混入食物的现象。污染食品的物质称为食品污染物。各种污染物通过各种途径非但污染了人类的食物，又通过食物链逐渐富集，最终损害人类的健康，导致人中毒，甚至死亡。最为严重的是：污染的食品在被人体吸收后，贮藏在人体内，阻碍男子的生精作用，还会通过胎盘运输到婴儿体内，对种族繁衍产生消极作用。如：前苏联乌克兰农妇流产胚胎中六六六与滴滴涕的总含量为 0.17 米 9/千克，我国杭州市死胎含六六六为 0.176 米 9/千克。显然婴儿的死亡与其体内高浓度的六六六和滴滴涕有关。

不得不承认，化肥、农药的出现，让人们每年从相同的土

117

地上获得可观的粮食；饲料添加剂，让人们在较短的时间内获得丰硕的牛肉、猪肉及其他畜产品。但是，事物都是一分为二的，人们在得到一些东西的时候，也相应地失去一些东西。盲目地发展工业，使环境污染一度失控，公害泛滥使食物严重污染，各种新的疾病层出不穷。人们为了自身的健康，食用安全，开始动用大量人力、物力，竭尽一切努力对食品污染因素种类来源的调查、性质危害进行研究等。在这一时期，人们发现了新发生和来源于不同种类各异的食品污染因素。诸如：黄曲霉毒素、肠道病毒、化肥农药残留、化工冶炼石油、开矿等工业部门排放的"三废"、稠环芳烃、N—亚硝基化合物。通过食物工具、容器等可能转入食品中的污染物包括重金属和塑料、橡胶、涂料等高分子物质的单体及其加工中所用的助剂、多种添加剂等。

食品污染的分类

食品污染种类虽然繁多，根据污染性质可分为以下三类：

1. 生物性污染

生物性污染主要指由有害微生物及其毒素、寄生虫及其虫卵和昆虫等引起的。这类食品污染物还包括霉菌及其毒素、肠道病毒、仓储害虫（甲虫类、蛾类、螨类、蝇蛆）等。微生物性食物中毒位于其他各类食物中毒之首。生物污染主要发生在气候炎热的季节，大多是由于气温高，适合细菌的生长繁殖。另一方面，人体肠道的防御机能下降，极易患病。由生物性污染诱发的食物中毒发病率高，除椰毒假单胞菌和内毒中毒以外，病死率较低，恢复快，通常不会留下后遗症。

2. 化学性污染

化学性污染是食品污染最主要的方式。这类污染物含有种类繁多的来自生活环境中的各种化学物质。如：残留在动植物性食品中的各种农药，随着工业废水、废物污染食品的金属、多环芳烃、N—亚硝基化合物；由工具容器、包装材料与染料等溶入到食品的原材料、单体与助剂等物质，含有塑料、橡胶添

加剂、食品添加剂等。这些物质在文献上被称为无意添加剂。

3. 放射性污染

当食品吸附的、人为的放射性核素高于自然放射性本底时，被称为食品的放射性污染，大多是来源于放射性物质开采、冶炼和各种用途中对食品的污染。食品中的放射性污染物大多是^{131}I（在甲状腺

舌骨
甲状舌骨膜
甲状软骨
锥状叶
环骨肌
甲状腺峡
甲状腺（右叶）

甲状腺的构造

中）、^{90}Sr（在骨骼中），尤其是半衰期较长的放射性核素，如：^{90}Sr 污染。

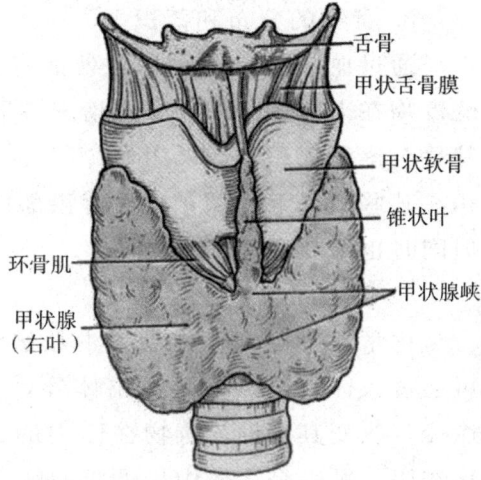

化学污染物对人体健康的影响

环境化学污染物对人体健康的影响非常复杂，不同的污染物侵入人体的方式，在人体中的转归不同，环境污染中最普遍的化学污染物在人体中的转归可概括为：

1. 毒物的侵入和吸收

毒物除了可以通过皮肤、呼吸道侵入人体外，还可经消化系统被人体吸收。经消化系统进入人体的毒物主要又来自食物污染。人们食用被污染的食物后，一部分没被吸收直接排泄出体外，一部分被人体吸收进入血液循环，然后运转到全身。在消化系统的吸收过程中，除与胃肠功能有关外，与化合物的化学物理性状有很大的关系。如：胃液酸度极高；弱的有机酸多以未电离形式存在，它们容易扩散，脂溶性也高，因此容易吸收；而弱的有机碱，在胃中将高度电离，因此一般不易吸收，但进入小肠后吸收情况则与此正好相反。另外，化合物颗粒大小也影响着吸收状况，例如：分散极细的三氧化二砷比粗粒粉状的三氧化二砷毒性高很多，后者大多以不溶形式由粪便排出。

2. 毒物的分布和蓄积

通过血液散布到全身各处的毒物分布到人体各组织，不同的毒物在人体各组织的分布情况不同，毒物长期在组织内隐藏，其量会逐渐累积，如：Pb 蓄积在骨内，DDT 蓄积在脂肪中。蓄积在某些情况下（如：毒物蓄积部位不同）拥有某种保护作用，但同时也潜在危险。

3. 毒物的生物转化

化学毒物侵入人体后，少数水溶性强、分子量很小的毒物可通过人体直接以原形排出体外，但大多数在体内需经过生化途径，改变其毒性。毒物在体内的这种代谢转化过程是生物转化作用。肝脏是人体中最重要的解毒器官，然后是肾脏、胃肠。毒物在体内的生物转化通常将需两步完成：

（1）氧化还原和水解

通过对体内氧化酶素的催化作用，对侵入人体的化学毒物如：致癌物、药物等，发生羟化、脱氨基化、氧化等一系列生化过程。

（2）结合反应

通过第一步生化反应后，它的产物之间可以进行结合反应，转化为无活性的无毒物质，或者转化为比母体更毒的物质。如：1605 在体内生化代谢后转化为1600，其毒性更强烈。

4. 毒物的排泄

生物转化后的各种代谢物最后通过消化道、呼吸道、皮肤、肾脏排出，排泄的途径主要是通过肾脏进入尿液和肝脏的胆汁进入粪便。肾脏是人体最主要的排泄器官，排出量大，

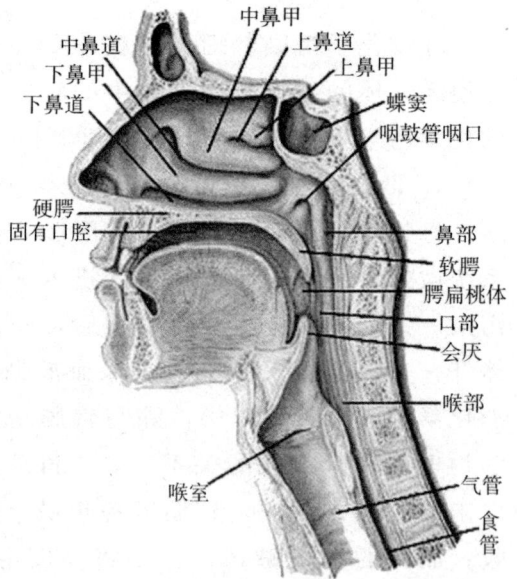

呼吸道构造

种类多。值得注意的是，怀孕的妇女会把体内的化学毒物和代谢产物经过胎盘传送给胎儿，使胎儿在母体中时就受到影响。

机体除了通过生物转化作用来转化毒物外，生物体内还包括一系列的适应和耐受机制。通常，机体对毒物反应包括四个阶段，机能失调的初期阶段、生理性适应阶段、有代偿机能的亚临床变化阶段、丧失代偿机能的病态阶段。人体是机能系统，对致病因素有一定的代偿能力，毒物刚开始侵入时，人体如果有不适，但通过机体调整可以暂时适应，达到一定程度时，则会产生疾病。

食物污染对人体健康的危害

环境污染产生的食物污染对人体健康的危害，是非常复杂的问题。食物的污染可通过多种途径进行，污染的空气、水源、土壤可能对食物造成污染。加工、制造、包装、储运等也给食物带来污染。特别是食物链对污染物的富集作用使浓度高出环境中相应物质的上百万倍甚至上千万倍。食物的污染通常由多种污染物同时存在引起。多种有害于健康的化合物进入人体后，所产出的生化作用同各种化合物分别进入人体的作用有时并无差异，但有时危害可能更为强烈或相互抑制。

1. 急性危害

24 小时内一次或多次食入被污染的食物，使进入人体的污染物量远远超出人体的代偿能力，所表现出的明显异常反应叫做急性危害。食物中毒即为急性危害的临床表现，这种危害潜伏期短，来势猛，往往导致死亡。如：桂林永福县某地用西力生农药（含 2% 氯化乙基汞）防治稻瘟病，农民食用了当年的新谷，造成 184 人中有 62 人中毒的事故。经化验，大米含汞量极高，发病潜伏期为 16～22 天。这类食品污染导致的食物中毒事件频频出现。1955 年，日本奶粉受三氧化二砷污染，导致 2 万多居民中毒，131 人死亡。

2. 亚急性和慢性危害

亚急性危害指在数年内连续食用被同一种或数种有害物污

染的食物，长期服用将对健康造成危害，慢性危害则指在更长的时间甚至一生。这种危害潜伏期很长，人体在短期内没有明显症状，只有当损害达到一定程度或人体对污染物有足够量的积累，才出现临床症状。这类危害通常被人们所忽视，一旦发现将难以挽回，悔之晚矣。这类危害往往发生在长期污染区，如：工矿企业、重工业城市等。因此是一种职业疾病。

3. 远期危害

食物污染物进入机体后除对自身造成危害，还可能对下一代造成危害，如：致突变、致畸、致癌。

（1）化学致突变作用

它是由化学物质引起机体细胞的遗传物质和遗传信息在一定条件下发生突然变异的一种作用。所有可引起遗传物质发生突变的物质叫做致突变物，除化学物质外，还有别的因素，如：生物的和物理的因素。

突变是自然界的一种普遍现象，从进化的观点就整个生物群体来说，突变是有利的。新种的出现、生物的进化都同突变有密切关系。但对大多数生物个体来说，突变往往是有害的，易造成个体的生活能力减弱，胚胎早期死亡，后代个体产生先天性遗传缺陷或畸形等。迄今为止人们还不能控制突变作用只向有利的方向进行，因此致突变应视为不利于人体健康的一种危害。

（2）化学致畸作用

致畸物通过母体作用于胚胎引起胎儿畸形的现象叫做致畸作用。由于它是通过妊娠母体而干扰正常胚胎发育而发生的先天性畸形，所以这种畸形的出现与遗传因素是没有关系的。现已相继知道，有许多外来化学物对人具有致畸作用，例如：甲基汞、狄氏剂、DDT、黄曲霉素 B_1 等。在 20 世纪 60 年代初期以前，化学物质的致畸作用并未引起人们的注意。1962 年以后，因为孕妇服用一种新的安眠药"反应停"，在德国、日本和西欧等地导致了近万名畸形儿的恶劣事件后，这才受到人们的重视。

（3）致癌作用

致癌作用指化学物质在体内引发肿瘤形成的过程。具有致

癌作用的化学物叫做化学致癌物。癌的形成是细胞不受限制约束并危害机体的任意生长的一种过程。其后果因持续性增殖而分化不良。引发细胞癌变的因素很多，有生物的、化学的、物理的因素，就目前来讲，化学因素是环境因素中致癌变的主要因素，占90%。在化学因素中，国际癌症研究中心（TARe）提名的化学致癌物有221种。如：苯并（a）芘、p—甲苯胺等。各种化学物质具有不同的致癌作用。如：杀草强有致甲状腺癌的作用；聚氯乙烯的单体氯乙烯会引发肝血管瘤。

合理饮用天然矿泉水

矿泉水有好有坏，不同的矿水对不同的人群的作用也有所不同。

矿泉水是指水中含有矿物质、对人体健康有帮助的天然矿泉水。矿泉水作为瓶装饮料已有比较长的历史。由于天然水污染加重，人们开始选用矿泉水。而优质的矿泉水，确实能够使婴幼儿健康，对中、老年人也会起到防病健身的作用。

饮用矿泉水早已成为世人的爱好。世界矿泉水饮料中欧洲国家的产量最大。其中法国一直处于领先地位，法国维希矿泉水历史悠久。这种矿泉水具有调节体液酸碱平衡、帮助消化、促进肝功能康复、促进胰岛功能的作用。法国人还配了不同的处方和处理这种矿泉水的方法，将它的医疗作用强化，使它对肝炎、胆道病、肠胃病、关节炎、过敏症以及儿童的多种疾病有一定的疗效。当然维希矿泉水也成为老年人的滋补辅助饮料。

目前，德国矿泉水饮料工业发展迅速。德国的威斯特伐利亚冷铁质泉在世界驰名。美国人饮用矿泉水也有百余年的历史了，许多人已经养成了喝矿泉水的习惯。

我国矿泉水资源丰富。据统计，现在已有1600多种矿泉水水质分析资料。我国饮用天然矿泉水中含有的微量元素种类比较多，其中含锌的矿泉水有68处，主要分布在四川、广东、福建等省。锌、硒、碳酸水在自然界的分布较少，但是在我国分布就比较广。这些都是比较珍贵的饮用矿泉水。含适量锌的天然矿泉水，被称为生命智慧之水，更是一种珍贵的天然优质矿泉水。

因为不同的矿泉水所含微量元素各有差异，所以饮用矿泉水必须因人而异。矿泉水含有人体必需的元素，但是，人体对这些元素的需要量是有限的和有选择的。如果人们并不缺乏某些矿物质、微量元素，饮用矿泉水过量，则对健康无益并且有害。如人体摄入过量的钙、铁、钠、锌等都会诱发多种疾病。而且，微量元素之间存在相互干扰的作用，如摄入的锌和铜的比例不当，有可能导致血清胆固醇增加，促使动脉粥样硬化。

现代医学研究表明，含硫酸镁的矿泉水，虽然对便秘患者有益，但对腹泻患者却有害；含硫化氢的矿泉水对治疗气管炎、祛痰有一定的作用，但对光线过敏性皮肤病和腹泻者，起到反作用；含氯化钠和碳酸氢钠的矿泉水，不

矿泉水

适宜高血压、心脏病、肾脏病等患者饮用，钠具有促进体内蓄积水分的作用，因此有水肿、腹水症状的严重肾炎和肥胖病等病人，不宜饮用；高血压、心血管系统病患者及肾功能差的人，最好选用含低钠、低矿化度、含锶、偏硅酸的矿泉水。

因此，专家提醒：矿泉水不是养生饮品，也不是防病治病的"万能仙水"，必须根据自己的体质状况或在医生指导下，有针对性地选择对自己适合的矿泉水，只有这样才能促进健康。

我们还应该关心孩子的饮用水情况。由于年龄、健康状况、气温和劳动强度的不同，每人每天需水量有很大差异。如果单从年龄角度看饮水量的话，那么，年龄小的需要水的数量应该保证足够大。小学生每天摄入水量不能少于2500毫升。

谨防食品添加剂

为节省烹调时间，现代家庭常常购买一些色香味俱全的熟食。随着食品工艺的发展，许多营养价值高的香甜可口的食品琳琅满目地摆在我们面前。有的食品包装上郑重表明"天然食品，不含任何添加剂"，有的却注明含有防腐剂、发色剂、调味剂，等等。这些食品添加剂主要含有什么成分，它们的作用和对人体健康有什么影响，这些问题的答案都是需要我们认真了解的。

食品添加剂指在食品生产、加工和贮藏过程中，加入的化学合成或天然物质。合理使用这些物质，不会影响食品营养，也可以防止食品腐败变质，非常有好处。但是，不合理使用就会产生多种毒性。食品毒理学的研究使人

地沟油

们科学地认识食品添加剂毒性的发生和预防，增加我们的自我保护意识。一些原来认为无害的食品添加剂，经食品毒理学的研究揭示出，则可能引起慢性中毒，具备致突变、致畸形的隐形危险。因此，我们不能忽视某些食品添加剂可能引起的毒害作用。

食品添加剂引起毒害作用的原因主要包括三个方面：食品添加剂的转化产物；杂质污染；使用不当或过量使用。食品添加剂本身是无害的，但是，加入食品以后或者进入人体以后却都存在转化为有毒物质的问题。例如，常用的食品添加剂——赤鲜红色素在加工的过程中，会变成荧光素的有毒物质。硝酸盐和亚硝酸盐是肉类加工的发色剂、抑菌和防腐剂，能够收到

125

改善风味，提高肉的品质的功效。但是，食用过量亚硝酸盐会使血液中的铁与氧结合以后不再分离，导致各脏器缺氧，呼吸中枢麻痹，最后窒息而死。而且，亚硝酸盐通常以亚硝酸根的形式存在。亚硝酸根很容易同肉制品中蛋白质分解产物——胺类结合，形成亚硝胺。这是毒性很强的物质。轻则会使人头晕、乏力，导致腹水、黄疸及肝脏病变；严重的，大剂量或长期微量作用则会诱发肿瘤及胎儿畸形。预防中毒的办法一方面是促使这类食品加工工厂加强职工培训，严格按照国家使用食品添加剂的规定来加工产品；另一方面是对亚硝酸盐使用的卫生知识进行普及，提高人们对亚硝酸盐危害的认识，增强人们对其制品的鉴别能力，加强自我保护意识。被确认无害的食品添加剂有可能掺入有毒的杂质，造成的严重事件在国外有很多。日本砷乳事件曾轰动一时。1995 年初，日本西部大批婴儿腹泻、呕吐、贫血。全国多达 1 万多名患者，死亡 131 名。调查表明，婴儿都食用过"森永"牌调和奶粉。化验结果发现，每千克奶粉中含有砷高达 21～35 毫克。这是由于生产厂家加入奶粉中的稳定剂——磷酸氢二钠中含有 3％～9％的砷造成的。已被确认是营养物质的食品添加剂过量加入食品也是有害的。这类食品在市场上叫做强化食品或保健食品。这种食品添加剂使用过量则会引起中毒反应。国外曾把谷氨酸作为调味剂，还曾作为健脑剂加入婴儿奶粉中。但是，物极必反。美国 1970 年发现大量服用谷氨酸反而会引起头疼、肩背疼，还有引起婴儿脑病的危险。为此，世界卫生组织规定 1 岁以内的婴儿禁止食用谷氨酸。维生素 A、D 一般用于儿童食品，作为补充钙质的辅助剂，添加在儿童食品之中，但是也不能过量。否则，维生素 A 会引起食欲减退、视力模糊、唇裂出血甚至贫血。而维生素 D 过量服用也可以产生不良作用。它有可能导致血清钙增加、总胆固醇增高、骨髓钙质过度沉积。长期以来，维生素 A、B 与胡萝卜素一直被认为可以有效预防癌变，是具有维生素 A 所有活性的保健品，因而成为食品添加剂的重要成员。但是，近年来美国国家癌症研究所对它进行大规模的研究，却得出完全相反的结论，认为它不但没有抗癌作用，甚至可能有害。由此可见，对保健食品、强化食品的选择还是谨慎为好，特别是儿童食品更应该谨慎选用。

保健食品品种繁多，真伪难辨，但还是有可能识别的。几年前，所谓的鳖精保健食品、燕窝保健食品充满市场，人们只要细心想一想鳖和燕窝的产量，就会推测出这些食品中鳖和燕窝真正拥有的含量。提高我们的自我保健意识，提高我们对真伪的抽象推理和独立判断能力，是实现自我保健的心理条件。因为，我国保健食品与发达国家相比，还是非常落后的，人家有的我们还没有；而已有的质量还不高，所以新的保健食品会不断涌出，关注专家的研究成果是应该的，但是自我独立分析也是必要的。然而，这个分析应该是有根据的，不应该是"我觉得是"，而应该是以一定的基础知识为根据。我们作为现代人应该具备适应现代生活的基本素养，包括不断增加一些营养学、食品毒理学等自己从未接触过的新学科知识，扩大自己的基础知识领域，从而能够从理论的高度提高自己的独立分析和判断能力。

保健食品标志

走出使用清洁剂的误区

清洁剂走进了城乡千家万户，成为日常生活中不可或缺的用品。第二次世界大战以后，石油化学制品发展迅速，合成洗涤剂也就应运而生了。现在，合成洗涤剂在美国人均年消费量达到 29 千克，在德国为 23 千克，在我国人均年消费量为 2 千克。专家预测，到 2000 年，世界洗涤剂的总产量将达到 5000 万吨，中国将达到 400 万吨。

清洁剂的种类非常多，有合成洗涤剂、家用除污粉、除垢液、洁厕粉、洗洁精、柔顺剂，甚至洗发水、沐浴剂和牙膏等也都包括在内。它们会在不知不觉之中进入人体。碗碟上没有冲洗干净的洗洁精会随着食物进入人体，例如洗发沐浴清洁剂会渗入皮肤，牙膏会进入口腔，等等。

这样，人们会问清洁剂对人体有何影响，如果有不良影响，那么应该如何减少或者避免？这就需要我们在使用清洁剂的过程中，走出认识上的误区，学会正确使用清洁剂。

人们为了把碗碟洗得更干净，习惯加入很多洗洁精，而不顾碗碟数量和油污状况。这样洗洁精就很难冲洗干净。动物实验表明，每天用含有洗洁精的食物喂养实验动物，发现它们的细胞壁发生了严重反常现象，结肠、直肠出现溃疡和炎症，舌面变得粗糙、结痂，导致味蕾失去功能。当然，给实验动物服用洗洁精的剂量是比较大的，每千克的剂量约为 100 毫克。研究证明，人体长期大剂量吸收洗涤剂，会损伤人的中枢神经系统，使人的智力发展受阻，思维能力下降，严重的还会导致精神障碍。洗洁精不能过量使用，洗涤餐具要尽量冲洗干净，尽量减少人体的摄入数量。特别是儿童使用的餐具尤其应该注意，最好是用热水冲洗，不用洗洁精。

有的洗衣粉厂家加入荧光增白剂，洗出的衣物看起来白亮而洁净，所以人们愿意选购。这是使用清洁剂的第二个误区，即认为用含有荧光增白剂的洗衣粉洗衣物更干净。实际上，这种洗衣粉反而增加了污染物，洗出的衣物

洗洁精

更不干净。因为，荧光增白剂是一种吸收紫外线、可以出现荧光的化学增白染料，它被人体吸收以后，不像普通的养分那样

容易分解，而是迅速和人体的蛋白质结合。因为它与蛋白质的结合力很强，所以，一旦结合以后，再想把它除去就很困难了，只有经过肝脏的活性生物酶素加以分解，才能将它排出体外。这样就会使肝脏的负担增加。如果使用者身体有伤，过多荧光剂进入体内，并与伤口的蛋白质结合，就会阻碍伤口的愈合。德国和美国的临床实验表明，荧光剂是导致妇女皮肤炎症的重要原因之一。它还会引发恶心、呕吐、视物模糊等症状，以及心血管系统的不良反应。许多发达国家早在20世纪二三十年代就已经禁止在卫生、贴身和家用洗涤用品中添加荧光剂。但是，20世纪70年代，日本商人却将添加荧光剂做法带入我国。

第三个误区是认为洗食具的洗洁精有杀菌的作用。实际上，这类产品上注明只是具有去污作用，并未说明具有杀菌作用。洗餐具的洗洁精不但不能杀菌，而且它还极容易受到细菌的感染，同时，细菌在洗洁精中繁殖速度极快。研究检测结果表明，未开封的洗洁精每毫升中含有100多万个杂菌，而开封的每毫升中竟然含有高达数千万个杂菌和大肠杆菌。

第四个误区是混用清洁剂能够增加去污作用。这个做法是危险的。一位主妇用洁厕灵和漂白粉清洗卫生间，一会儿，她就喉咙燥热、咳嗽不止，胸闷气急，经过医生检验，发现肺部器官被氯气严重烧伤。这是因为洁厕灵和漂白粉混用，发生化学反应，分解出氯气，引发氯气中毒。

第五个误区是认为洗衣粉对人体无害。实验研究表明，洗衣粉中的表面活性剂具有脱脂的作用，可以使皮肤干燥、皲裂、脱皮，甚至引发皮炎，导致丘疹和糜烂。婴儿皮肤娇嫩，尿布上残留的洗衣粉更容易引发皮炎。正常的皮肤具备屏障功能，在一定程度上可以防止有毒化学物质进入人体，但是洗衣粉却会破坏这个屏障，为有毒化学物质打开危害人体的"方便之门"。因此，有必要掌握合理使用洗衣粉的方法。洗衣粉的浓度必须合适。它的浓度应该在0.1%～0.3%之间，即50千克的水加入50～150克洗衣粉。这个浓度不会使皮肤损伤。不要用洗衣粉洗食物和餐具，避免吃进洗衣粉。一个人每天摄入50毫克洗衣粉，就有可能引发肠胃疾患。要避免长时间接触洗衣粉。

实验显示，皮肤接触1％浓度的洗衣粉，正常皮肤的屏障功能就会降低。目前，国家有关部门对清洁剂的质量制定了严格的技术安全标准，对产品进行皮肤敷贴、眼睛刺激、慢性致突变等实验，我们可以放心使用。但是，我们仍然要选择可以信赖的厂家产品；避免过量使用，防止摄入体内；洗涤时要戴手套；餐具要冲洗干净；不要混合使用多种洗涤剂；使用清洁剂的时候要打开门窗，打开排风扇，尽量避免吸入清洁剂的挥发物；洗餐具最好用淘米水、热水，少用洗洁精。

环
境
科
学

第五章　触目惊心的环境污染事件

漫天而至的沙尘暴

在我国，特大沙尘暴在 20 世纪 60 年代发生过 8 次，70 年代发生过 13 次，80 年代发生过 14 次，90 年代至 2000 年 4 月发生了 25 次。不仅次数骤增，并且危害范围愈来愈广，造成的损失愈来愈重。

1993 年 4～5 月上旬，我国北方多次刮起大风。4 月 19 日～5 月 8 日，甘肃、宁夏、内蒙古等地相继遭到大风和沙尘暴袭击。5 月 5 日～6 日，一场特大沙尘暴侵袭新疆东部、甘肃河西走廊、宁夏大部、内蒙古西部地区，造成 12 万头牲畜死亡丢失，505 万亩农作物受灾，380 人死亡，直接经济损失高达 54 亿元。

1994 年 4 月 6 日开始，从蒙古人民共和国西部、我国内蒙古自治区西部刮起大风，大戈壁沙尘随风而起，河西走廊上空数日尘沙弥漫。

1995 年 5 月 15 日，甘肃特大沙尘暴的降尘量多达 1243.1 万吨，相当于该省最大水泥厂 15 年的产量。

1996 年 5 月 29 日～30 日，两年来最严重的强沙尘暴侵夺河西走廊西部。黑风怒吼，屋毁树折；天地混沌，沙尘弥漫。受灾最重的酒泉地区直接经济损失达 2 亿多元。

1998 年 4 月，内蒙古中西部、宁夏西南部、甘肃河西走廊一带，12 个地区、州遭受强沙尘暴袭击，波及北京、济南、南京、杭州等地；新疆北部和东部吐部托盆地，遭受伴有沙尘的大风袭击，瞬间风力达 12 级，6 人死亡、44 人失踪、256 人受

131

伤，46.1万亩农田受灾，1109万头牲畜死亡，156万人受灾，直接经济损失8亿元。5月19日凌晨，新疆北部遭到狂风突袭，风口地区风力达9～10级。大树被吹倒，电线被刮断。

1999年4月3～4日，呼和浩特地区的沙尘暴遮天蔽日持续两天，从内蒙古西部一直蔓延到东部的通辽市，风力达10级。

2000年3月22～23日，大风把内蒙古的沙尘携带至北京；3月27日，八九级大风携带沙尘又一次袭击北京。正在安翔里小区一座2层楼上施工的7名工人，被风刮下来，2人当场死亡。不少广告牌被刮倒，碰伤路人，砸坏了车辆。清明时节，北京没见春雨，却接连遭受七次铺天

风力发电

盖地的沙尘暴袭击。4月6日，天色昏黄，灰头土脸的行人、汽车，都在狂风卷起的漫漫的黄尘中，艰难行进，行人呼吸困难；太阳轮廓模糊，发着蓝光。由于能见度很低，空中飞机迫降，地面飞机无法起飞。首都机场风力高达七八级，436次航班只起落110架次。大气中弥漫着可吸入颗粒物，空气受到严重污染。北京市环保监测中心当日上午10时在定陵地区测定，可吸入颗粒物浓度已达1000微克/立方米，比平时高出六七倍；到中午12时，北京市区7个站点监测到的浓度已是当年最高纪录。医学界人士提醒市民，这样的天气持续下去，必然会引发呼吸系统疾病。事实上，医院里呼吸道、眼科病人早已急剧增加。

排空而起的沙尘暴，不仅覆盖西北五省区，还危及华北五省区，东北的吉林、辽宁以及江淮平原的江苏、安徽、山东等，可以说，沙尘笼罩着祖国半壁江山。

与此同时，北非沙尘正在意大利南部肆虐。大树连根拔起，

环境科学

罗马街头的大理石雕像都覆盖上了厚厚的沙尘。横行在美国得克萨斯州的两股龙卷风，夺走了四个人的生命，束手无策的政府只能不断警告居民在家中躲避。可见，沙尘暴、扬沙现象，早已成为世界范围内影响环境质量的一大问题。

北京的沙尘来自哪里？大部分来自蒙古国和内蒙古沙漠地区。我国沙漠面积已达 160 万平方千米，土地荒漠化面积已达332 万平方千米。超过了国土总面积的 1/3，并且集中在西北地区。尤其令人不安的是，我国沙漠化正以每年 2460 平方千米的速度扩散，呼啸的沙龙已形成对北京周边半包围的态势。从内蒙古西北部阿拉善盟扬起的沙尘暴，经过鄂尔多斯市、乌海市、包头市、赤峰市，一直威胁到兴安盟以东。3 月底 4 月初，锡林郭勒盟大部分区域能见度为零，沙尘暴最高速度达到 22 米/秒。每到冬春两季，西北季风就携带着北面的浑善达克沙漠、西面的毛乌素沙漠的沙尘，向北京移动。

新沙化现象正在威胁北京。内蒙古三个强沙暴中心之一阿拉善盟，近年来境内黑河水量锐减，以及地下水位下降，加上宁夏、甘肃、内蒙古一些人挖发菜、挖药材，这些沙漠地区的植被以每年 10 万亩的速度锐减。尤其是珍贵的胡杨林，由于人为的破环，每年减少 1.36 万亩。30 多万平方千米的阿拉善沙漠，迅速扩张，并成为产生沙尘暴的罪魁祸首。

据专家实地考察，张家口洋河中段，不足 100 千米的范围内，遍布着总面积达 1.4 万公顷的几个大沙漠，每年刮向北京的沙尘近百万吨。目前沙漠已侵入燕山腹地丰宁县潮白河上游，距北京怀柔县仅 18 千米，已经出现"沙进入退"的可怕现象。这意味着，沙尘暴还要更加频繁地发生，保障首都北京的环境质量，还要花费很大的物力、财力和人力。

太平洋群岛怪事多

1952 年 10 月 3 日，英国在澳大利亚西北进行一次成功的核试验，于是它成了继美、苏之后的第三个拥有核武器的国家。随着它在澳大利亚维多利亚大沙漠区域、澳属圣诞岛及太平洋其他岛屿上进行大规模的氢弹、原子弹试验，那里的土著人受到了严重的伤害。1988年12月，澳大利亚人民向英政府展开索赔行动。

新南威尔士高级法院审理第一起核试验致伤索赔案。起诉人约翰在大沙漠当兵的一年中，参加了四次核试验的搜集资料工作。在试验期间，他就有过恶心、腹泻现象，后来得了皮肤癌。像约翰一样服役于试验基地的还有5000人，其中700人在约翰之后也起诉，向英国政府和本国政府索赔。

与此同时，新西兰国防部长强烈声明："显而易见，我们所得的许多疾病，显然是由于一群'聪明猪'进行的试验所造成的。我们不但要向他们的政府索赔，而且强烈要求他们的政府公布全部破坏性试验的档案。"

1954年3月1日清晨，美国第一颗氢弹在马绍尔群岛北端的比基尼岛试验成功。这次秘密试验，不仅使附近海域的23名日本渔民受到了大量放射线辐射的伤害，而且大量放射性物质随风散落到比基尼以东200千米的小岛。于是，小岛居民出现了同样病症：呕吐、皮炎、脱发。占领岛屿的美军强迫他们离开居住地。于是，他们从一个岛屿迁移到另一个岛屿，过了三年漂泊不定的生活，1957年才获准返回家乡。家乡看似依旧，但是，当他们吃了过去习惯吃的食物后，腹泻不止。这使他们明白，小岛已经不再是他们熟悉的小岛了。

以后的十年内，小岛居民中不断出现癌症患者。其中，胰腺癌、血癌患者居多。尽管美国医生每两年来一次例行检查，还把部分患者送到夏威夷或美国本土进行治疗，但是每年都有无数土著人，尤其是儿童死于辐射病。更令他们不解的是，许多新生儿或者缺眼睛，或者缺鼻子，还有缺耳朵的、缺胳膊的、缺腿的；也有到七八岁不能站立，不能说话的。无数家长看着残疾子女，终日以泪洗面；无数子女守着身患绝症的父母，手足无措。调查结果显示：1954年氢弹爆炸后，马绍尔群岛上10岁以下的孩子，每22名中有17名胰腺功能低下；9.1%的成年人胰腺也有问题。这就是氢弹爆炸所产生的大量放射性物质进入人体后，破坏了胰腺功能，影响了青少年的正常发育。

绝望中，比基尼土著人远离了自己的家乡。

受到核试验伤害的还有波利尼西亚群岛上的居民。从 1966 年以来，法国政府在南太平洋的波利尼西亚岛上进行了 150 多次氢弹、原子弹爆炸。到 1975 年，澳大利亚、新西兰等国家纷纷向法国政府提出抗议，法国政府只好改空中核试验为地下核试验。

然而，不仅海面以下 180 米深处的珊瑚岛被炸得粉碎，而且由地下核试验引发的疾病——妇女流产、婴儿肢体残缺不断发生，试验事故同样也接连出现。1979 年 7 月，6 名接近试验基地的工人被冲击波致伤；8 月，法国试验室泄露放射性物质钚，污染了整个小岛；1981 年 5 月，波利尼西亚几个岛屿附近的海域，都遭受了钚的戕害。

纳米比亚人的"铀"和"忧"

纳米比亚于 1968 年开始开采铀矿。当时，这个地区还是南非的殖民地。一个跨国公司从南非政府获得开采铀矿的权利。两年后，这个跨国公司就与日本三菱公司签定了长期供应铀矿的协议。

1974 年，《联合国保护纳米比亚自然资源第一号决议》禁止在纳米比亚开采、冶炼、出口铀矿，以防止对那里的自然资源的掠夺。对联合国的决议，日本的七家公司若无其事，变本加厉地大量进口纳米比亚铀矿。当地工人为了养家糊口，越是工资低，越是从早到晚拼命干活。他们完全不知道需要什么劳动保障。1976 年铀矿开采时，2000 多名工人住在距工地不到 5 千米的非常简易的宿舍。每当夜晚，睡梦中的工人承受了白天从工地和铀矿冶炼厂扬起的灰尘的巨大痛苦。可怜的工人在毫无警觉的情况下，更是接受着大量的放射性辐射。

不久，凡在纳米比亚铀矿工作过的工人，都常常感到胸部疼痛、呼吸困难，最后诊断为呼吸系统因吸入粉尘太多而患病，有的则是受大量放射性辐射而导致胰腺病变。

后来，开采公司在工地、冶炼厂的下风方向给工人盖了新

房。居住条件表面上看似乎改善了，但放射性污染就更加无法躲避了。

先进的核电站带来极为少见的疾患。美国纽约以西125千米，有个三里岛核电站。1979年3月28日凌晨4点时分，在这里发生了人类历史上第一起核电站事故。据目击者说，是一阵接一阵的飞机起飞声把人们惊醒的，向窗外望去，只见核电站方向有两股冲天的白色烟雾。事故发生后15分钟，核电厂关闭；第三天，政府发布命令，要求附近居民搬离。事故原因直到1989年才搞清：反应堆的压力壳出现了一道只有头发丝粗细的裂缝。就为这道裂缝，清理工作花费10亿美元，核电公司因此损失400亿美元。

事故发生了五年之后，附近居民中就发现了皮肤癌、乳腺癌、胰腺癌患者。就连事故发生时的胎儿，也未能幸免。一个叫卜冉德勒的男孩，出生于事故后第九个月，出生后智力低下。他父母的居住地，离核电站12千米，他们也是在事故三天后撤离的。面对这样的孩子，父母在极端痛苦中寻找根源，当他们从书本上知道什么叫核辐射之后，就向法院起诉。1985年，法院判处三里岛核电站赔偿卜冉德勒父母109万美元。

核电站附近的农民，把奶牛处理了，因为所产牛奶受到核辐射没人敢喝了。当地生产的小麦、玉米和蔬菜，也没人敢吃了。更为可怕的是，在当地农民身上发现了各种各样的癌症。

一位医生调查了距核电站8千米范围内的37000名居民，16千米内的4000名孕妇。其中，15％的孕妇流产；事隔十年，居民中癌症患者数量增长了5倍。

1986年4月26日凌晨1点23分，前苏联的乌克兰共和国切尔诺贝里核电站发生爆炸事故。整个4号机组厂房坍塌，并陷入地下。核电站位于乌克兰和白俄罗斯交界处，紧靠基辅水库。

苏联政府立即封锁消息，大量居民被迫从切尔诺贝里迁移。为了防止含有放射性物质的食物和水进入人体，地方政府建立了严格的审查制度，政府允许的才能上市，否则作为垃圾处理。于是，市场附近，垃圾成山。

民众担心，虽然爆炸的是 4 号机组，其他三个机组也会受到严重的放射性污染，如果继续使用，就会危害工作人员生命。

但是，苏联政府为了向全世界表明"发展核电工业政策不变"，在事故八个月后断然下令：封闭 4 号机组，1、2、3 号机组恢复运行，只不过加强了检查机制。工作人员上下班，要更换六次衣服，而每次换衣服都要接受放射线检查；实行双周轮换工作制，也就是工作两周，休息两周。

事故发生时，4000 人在场。重新发电后，经过此次体检，只有其中的 1100 人身体条件能允许其返回上班，这还包括 10 名经过抢救的工作人员。事故后六个月，全苏放射线医疗中心在基辅成立，并得到了"日美放射线危害研究基金会"的支持，该基金会在过去四十年中，支持了长崎、广岛的核辐射调查研究。之后，医疗中心在 60 万当地居民中进行调查，但结果始终未予公布。

1990 年 4 月，白俄罗斯向国际社会呼吁：白俄罗斯 20％的即 220 万人口，生活在切尔诺贝里核污染环境中，严重地遭受核事故释放的放射线伤害；20％的土地被放射线污染；17 万白俄罗斯人，包括 3700 名儿童正在接受放射线检查、治疗；118000 人逃往其他地区。在波兰举行的国际会议上，白俄罗斯大学教授说："白俄罗斯人民生活在核污染的大地上，吃着遭到核污染的食物，还有 7000 人处于危险之中。"

已经荒废的切尔诺贝里

切尔诺贝里核事故发生四周年之际，乌克兰报纸披露：本国有 6 个省遭到核污染，92000 人从距离事故现场 30 千米范围内撤离。6000 人仍然居住在严格限定区域，他们中，许多人患上了胰腺功能失调、白血球过多等与放射线有关的疾病。部分人被送往以色列、印度、瑞士等国治疗。

切尔诺贝里核电站事故，不但污染了前苏联广大区域，而且危害了欧洲许多国家。放射线穿过波罗的海，污染了瑞典游牧民族拉布兰。他们的驯鹿、淡水鱼等主要食物都被污染，所含放射性物质是日本生物的 13 倍。自 1986 年以来，瑞典有关机构每半年对拉布兰人进行一次体检。结果表明，拉布兰人男、女体内含的放射性有害物质，分别是日本人的 360 倍和 860 倍。

受害的不仅是北部游牧民族。风和雨把放射性物质传播到瑞典境内各处，瑞典和前苏联的邦交一度紧张。

由于欧洲多国的压力，苏联政府只得停止 10 座核反应堆的建设。

320 多次核试验之后

距我国西北边境 450 千米处，是哈萨克斯坦共和国的塞米巴拉金斯克。那里是一望无际的广袤原野。从 1949 年起，前苏联在这里进行了 320 次原子弹、氢弹爆炸试验。

第一次氢弹试验是在 1949 年 8 月。附近的人，只见 11 道耀眼的亮光，照亮整个大平原。接着，一个巨大的怪物腾空而起，在上空不断变形、变色。随之而来的，是惊天动地的巨响，暴风雨般的尘屑。大地一片断壁残垣。180 千米以内的玻璃窗都被震破，碎玻璃砸伤了无数居民。四十年后，人们对此还难以忘怀；悲哀的是，直到 20 世纪 90 年代，当地人对无数同胞的疾病、死亡与饱受核辐射的密切关系，还茫然无知。

320 多次核试验，将完整的塞米巴拉金斯克大平原炸得满目疮痍。1965 年 1 月，相当于广岛原子弹 10 倍能量的地下核试验，造成大面积地面塌陷，炸出了一个宽 400 米，长 800 米的湖泊，有人称它为“原子弹湖”。以后的数百次地下试验，就留下更多、更大的“原子弹湖”，长、宽都接近 5000 米。湖里的鱼，平原上的马、牛、羊以及湖岸的土壤、牧草，所遭受的放射污染程度都比一般地区高出几十、几百倍。

四十多年的核试验，非但严重破坏了大平原地表和地下结

构，污染了那里的空气，并且，含有大量放射性物质的水体、食物也损害着人们的健康，使很多人死于癌症，同时诱发大量基因变异，在1960~1982年间，死胎出现概率翻了一番，还有许多新生儿患病或肢体残缺。

核爆炸产生的蘑菇云

每次核试验所产生的震动都相当于四五级地震带来的危害。当地驻军却是每次都告诉居民"没问题"，每次都说"刮北风时才试验"。可实际上，不论刮什么风他们都试验。刮北风时，放射性污染物就会被吹向中国和南亚大陆；至于其他风向，则最终使放射性物质飘向四面八方。

1989年2月26日，前苏联人民议院开始竞选时，哈萨克斯坦作家协会第一书记索罗门罗夫，发表电视竞选演讲，披露了大量有关核试验内幕。他说："就在这个月，两颗原子弹爆炸试验，大量有害物质从地下扩散到了空气中。在过去四十年里，苏联政府，就一直这样在我们脚踏的土地上，进行着核试验。它带给我们的是什么？是安全吗？不是，是戕害。是幸福吗？不是，是痛苦。"

索罗门罗夫讲话之后，5000多人聚集到作家协会办公楼前，参加公民大会，讨论核辐射污染环境、危害人体健康相关问题。在前苏联，公众关注核试验产生的放射性污染问题，这是第一次。

蓝色烟雾弥漫洛杉矶

1940年，美国洛杉矶出现大气烟雾污染事件。一种具有强刺激性的浅蓝色烟雾笼罩着洛杉矶，大气能见度下降，行人眼睛红肿流泪，呼吸道受到强烈刺激，肺功能受到损伤。植被叶子变白、枯萎，橡胶甚至纷纷开裂。

这是一种典型的光化学烟雾。这种烟雾，是由大气污染物在强日光照射以及低湿度逆温气候下形成的。中午和午后，有毒刺激物浓度到达高峰，污染区域可顺风弥漫几百千米。

1943年8月，洛杉矶市中心再次出现了棕色的具有浓烈刺激性的烟雾，能见度相当低。人们忍受不了这种烟雾对眼睛、喉咙的刺激，纷纷逃往市外。可是，洛杉矶位于南加利福尼亚州盆地，整个盆地弥漫着同样的烟霾。

关于这种烟雾的成因，有种种猜测。有人认为，是排放又浓又黑烟雾的工厂造成的。于是，当时的市长下令：关闭一家排放浓浓黑烟的人造橡胶厂。结果，烟雾并未随之减退。

1949年11月发生的另外一起事件，使人有了新的观点。当时，伯克来正在举行加州大学与华盛顿州大学橄榄球比赛。那天，风和日丽，成千上万观众开着汽车，云集此地。交通阻塞，汽车停停走走，发动机时开时关，排出了大量废气。这一天，人们也饱受了洛杉矶烟雾一样的刺激。于是有人说，人口增长、工业发展、汽车增多是烟雾形成的主要原因。加州大学教授通过试验证明：洛杉矶烟雾就是由汽车尾气造成的。除此之外，造成烟雾的还有石油提炼厂排出的大量废气。

人们说，美国是"建立在汽车轮子上"的国家。美国的汽车太多了，它是国内高度发达的交通、运输主要工具。汽车，是美国人的"可靠朋友"，并且是美国现代化的标志。仅以加州为例：1945年，加利福尼亚州注册汽车300万辆，1950年500万辆，1956年增加至700万辆。所以，光化学烟雾事件常常在洛杉矶发生。

1965年7月19日，洛杉矶市几种污染物浓度变化情况是这样的：一氧化碳和一氧化氮的排放最大值，出现在上午7点左右，这正是早晨，车辆来往最频繁；下午6点钟以后，也有一个小高峰，这与下班车辆增多有关；二氧化氮和臭氧的高峰，在上午10点和中午12点左右；傍晚时，二氧化氮也有一个小高峰，但日落后立刻消失；臭氧在下午却不出现小高峰。

这组数据可以看出，二氧化氮和臭氧，不是直接由污染源排放的一次污染物，而是在日光照射下发生的大气光化学反应的产物。早晨，汽车尾气排放的大量污染物，是它们产生的直接原因。傍晚，交通繁忙，虽仍有一次污染物排出，但这时日光已不强，不足以发生光化学反应，所以也不能生成这类二次污染物。

拥挤的汽车

汽车给美国人带来了便利，也带来了灾难。汽车尾气导致洛杉矶、费城、纽约接连发生化学光雾事件。纽约在 1948 年发生了持续 6 天的化学光雾事件，致死 20 人，致病 6000 多人；1962 年又有 200 多人因此丧生；1966 年 11 月的化学光雾事件再次致死 80 人，纽约市长宣布"全市进入紧急防备状态。"

接连发生的悲惨事故，迫使美国政府制定法律、投入资金，治理环境。

由于大气污染加剧，光化学烟雾在世界许多城市已不鲜见。1979 年 9 月 1 日，我国兰州西固地区大气污染物的全天变化检测结果，与洛杉矶光化学烟雾的结果非常相似。过氧乙酰硝酸酯（PNA）和臭氧等二次污染物的浓度高峰，也出现在中午 10～12 点。这正是光化学反应进行最适当的时间。同时还发现，甲醛也是光化学烟雾中的二次污染物。

从 20 世纪 50 年代以来，科学家对于光化学烟雾的发生源、发生条件、反应机制模型、对生物的毒性、监测和控制等方面，

进行了大量的研究。1953年，美国加利福尼亚工业大学一位科学家，提出一个解释分析洛杉矶烟雾形成的理论：洛杉矶烟雾是由加利福尼亚的强阳光照射，引发了存在于大气中的碳氢化合物和氮氧化合物之间的光化学反应造成的，而大气中的碳氢化合物、氮氧化合物，多数来源于汽车尾气。

当时，洛杉矶市有汽车500多万辆，一天排出碳氢化合物约1000吨，氮氧化合物约433吨，一氧化碳4200吨。单单汽车排出物一项，就占全部污染物的68％，加上洛杉矶市是个盆地，每年有100天以上产生逆温现象，所以，更容易形成光化学烟雾。

光化学烟雾的实际生成过程要复杂许多。因为，大气中同时存在着多种碳氢化合物。它们之间的反应是链式反应，反应次数之多，达到惊人的程度。有些研究结果报出的数目，已经多达三四百个以上。

我国受光化学烟雾威胁

1995年6月2日傍晚，上海的天空，被一层蓝色的烟雾笼罩着。很多人感到眼睛刺痛，于是纷纷打电话，向有关部门询问："上海是否出现了光化学烟雾？"媒体纷纷报道，上海的个别地段发生光化学烟雾，这件事情引起了社会各界和市民的强烈关注。

几年后，有关专家说，他们对此抱有不同的看法。他们认为，形成光化学烟雾的必要条件是阳光，而那天，尽管氮氧化物和碳氢化合物的浓度较高，但是太阳早已下山。因此不可能形成光化学烟雾。

然而，上海的汽车尾气的污染问题，从此引起了人们的关注。这几年来，上海搬迁了几百家工厂，拆迁和治理了成千上万台锅炉，使市内的煤烟型污染源大大减少。到1995年，内环线以内的市区大气环境中，煤烟型污染已降到第二位，而机动车尾气污染上升到第一位。根据环境监测部门的监测，1996年，上海市机动车的一氧化碳排放量为38万吨，碳氢化合物排放量

为 10 万吨，氮氧化物排放量为 815 万吨，铅排放量为 123 吨。其中，中心城区大气中，86％的一氧化碳、96％的碳氢化合物和 56％的氮氢化物，都是来自机动车排放。

与"七五"相比，"八五"期间全上海市氮氧化物的浓度，上升了 14.3 个百分点。在一些年份，城区氮氧化物年日平均浓度上升至 0.084 毫克/标准立方米，而交通路口浓度更高。根据对高架道路测试，氮氧化物一次测值高达 0.8～0.9 毫克/标准立方米的情况，在车流量超过每小时 1000 辆时，并不稀奇。助动车排放浓度，远高于机动车。

"八五"期间，每年的路检达标率平均为 66.75％，全市约有近 10 万辆超标车，对大气环境构成严重污染。

有关专家认为，根据目前的发展趋势，如果不进行有力控制，在特定的气象条件下，光化学烟雾有可能发生。

在西安市，汽车尾气已成为大气污染的最新祸首。统计资料表明，西安市区每天大约有 20 万辆汽车在运行，据环保部门评测判定，这些汽车每年共排出有害废气 4 万～6 万吨，而这些废气可以装满 1000～1500 辆 40 吨位的气罐车皮。越是繁华地段，汽车越多，汽车尾气污染就更加严重。据有关部门统计，城墙以内的旧城区，面积为市区的 11％，却聚集了全市 30％的车辆和 50％的人口，2 万余辆出租车主要在此范围内营运。在名胜古迹钟楼的盘道处，昼夜汽车流量高达 9 万多辆，堵车现象频繁出现。

1994 年，西安市环境监测站在大气监测点位优化调整时，撤销了交通点。结果，当年西安市氮氧化物浓度监测数据立即相应有一定幅度的下降。

根据西安市环境监测站监测，1996 年，西安市氮氧化物日均浓度范围是 0.003～0.182 毫克/标准立方米；每天最大平均值超标 0.82 倍；年日均值 0.053 毫克/标准立方米，超过国家二级标准 0.08 倍；年超标率 11.6％；位于商业区的点位，年均值最高，日均值超标率为 2.58％。1996 年西安市空气污染综合指数为 447，从污染物分担指数来看，氮氧化物污染负荷分担率为 12.08％。

目前西安市空气中的氮氧化物，大部分来自汽车尾气。随着城市化发展，机动车拥有量大大增加，汽车尾气污染逐渐加重。近几年来，西安市氮氧化物污染日趋严重。这个世界驰名的古都，同时名列联合国公布的十个大气污染最严重的城市之一，该城市氮氧化物的监测数据在 1994 年有所下降后，迅即于 1995 年后又升了上去。西安市的机动车以平均每年 1 万辆左右的速度递增，如果不采取切实治理办法，市区大气环境污染将更加严重。

从污染负荷分担率来看，当前，西安市主要污染物是降尘、二氧化硫、总悬浮颗粒物，属煤烟型污染。这在某种程度上，掩盖了氮氧化物污染的残酷现实。近年来，随着西安市实施的一系列治理大气污染措施，特别是西安市天然气二期工程竣工，城市生活气化率可达 95％。城市每年生活用煤可减少 100 万吨，从而使西安市的煤烟型大气污染得到较大缓解。汽车尾气导致的氮氧化物污染问题也就会日渐突出，如果不采取果断措施，抑制汽车尾气污染加重的态势，谁敢判定说光化学烟雾不会在西安发生？

十多年来，武汉城区大气中氮氧化物浓度逐年攀升，重要原因也是机动车辆的废气排放。

1999 年年底，有关部门在武昌火车站、武昌阅马场、汉口中山大道江汉路口等，城区车流量较大的交通道口和路段，对大气污染状况进行检测。结果表明：氮氧化物超标率为 96％，处于三岔咽喉的黄鹤楼下阅马场，浓度最大时均值明显高于其他路段和路口，一氧化碳的超标率达到了 64％，最大时均值超过国家标准好几倍。以交通干道为代表的武汉城区机动车尾气污染，明显在加重！

十年来，武汉市大气环境中氮氧化物含量基本呈上升趋势，"八五"期间浓度比"七五"期间上升 18％；1995 年日均值比 1990 年上升 60％，比 1986 年上升 70％以上。武汉市大气环境中，氮氧化物浓度的飞速攀升，这和该市汽车总量增长过快有直接关系。

在武汉市七个城区中人口密度高、汽车流量大、交通拥挤

的江汉区、武昌区，大气的氮氧化物含量明显高出其他城区。汉口市区中心的江汉区，氮氧化物在1991～1995年日均值竟比城乡结合部的洪山区高出2.5倍，超标率高达66％。在一些车流量大，又频繁堵塞的交通路口，污染状况问题更为尖锐。

随着机动车尾气的日益增多，武汉市会不会发生光化学烟雾呢？环保专家认为：从武汉三镇的地理条件、气候因素和机动车拥有量情况来分析，目前大面积发生光化学烟雾的可能性不大，但是，局部、短暂性发生光化学烟雾的可能性不能排除。人口高度集中的繁华区域，高楼林立，人流、车流量大，加上道路狭窄、交通管理混乱、拥堵严重，污染物极易在空中蓄积而达到相当的浓度。如果遇到高温、强日照、大气对流条件差、"热岛效应"明显等不利条件，局部非常有可能形成光化学烟雾。针对汉口航空路1993年监测出的氮氧化物严重超标的情况，权威人士说：此次大气中的污染物含量浓度，比伦敦发生烟雾事件时还高，如果遇上不利条件，不敢担保不发生"烟雾事件"！

广州市氮氧化物的年平均产量，1986年首次超过日均标准值，非但再也没降下来过，并且逐年上升。这说明广州市机动车尾气污染在逐年加重。与此同时，代表工业污染的二氧化硫浓度，从1989年开始就逐年下降。

这两个数据，一起一落，切实地反映了广州大气污染的转型。广州大气污染，在经历了1986～1991年煤烟污染型和机动车污染型共存阶段后，机动车数量迅速增长，终于将城市大气污染由煤烟型变成氧化型。广州人看着马路上如蚂蚁般爬行的汽车、摩托车喷薄的黑烟，终于认识到，机动车尾气是羊城大气污染的罪魁祸首！

人们没有忘记，1993年，是它将行驶至交叉路口的一车小学生"熏"得头晕、呕吐，以致送去医院抢救；人们没有忘记，它使得广州由连续六年全国"市考"排在前十名，到1999年降至第十四名。

专家说，广州具备发生光化学烟雾的污染源条件，"早已不成问题了"。联系到20世纪50年代洛杉矶光化学烟雾事件，地处太平洋西海岸的洛杉矶，阳光充沛，山地高达几千米，逆温层厚至 1 千米，气候干燥，利于光化学烟雾的形成。广州则地处太平洋东海岸，高温多雨，山地高几百米，逆温层厚 1 百米左右。相比之下，发生光化学烟雾的概率没有洛杉矶大，但这并不表明广州不会发生光化学烟雾。

从发生时间来看，冬、春、夏三季发生光化学烟雾的可能性相对较小，但秋季，尤其是在 10 月下旬～11 月，台风停止后，在亚热带高压的控制下，持续几天的"秋老虎"天气后，发生光化学烟雾的可能性最大。目前，可能发生的地点，在白云山平坦河谷地带东部地区。随着新机场的向北迁移，现机场所在新市一带快速发展，交通流量的北移，导致花都盆地内发生光化学烟雾的可能性最大。

1995 年 10 月下旬，广州市环科所和北京大学合作的监测项目显示，象征光化学反应特征的臭氧浓度，在白云山达到最高值 296 微克/立方米，超过国家二级标准。

广州现在虽然没有发生洛杉矶市的"光化学烟雾事件"，却早已受到光化学污染物的影响，存在着发生光化学烟雾事件的隐患。

南京的情况，也不容乐观。

1996 年 4 月和 7 月，南京市环境监测中心站分两次、每次连续三天，对该市七条主要干道、四个交叉路口和两条隧道的空气污染情况进行监测，结果令人忧心忡忡。

监测部门共布点 15 个，取样位置设在交叉路口中心、非机动车道外侧，以及隧道进、出口和中部。采样高度定为人的呼吸高度——1.5 米左右，各监测点机动车流量为每小时 500～4500 辆不等。监测筛选了代表机动车主要污染特征的一氧化碳、氮氧化物、总烃、总悬浮微粒、尘铅和苯并芘六个项目。将南京市这两次监测结果和国家大气环境质量三级标准进行对比，结果令人咋舌。

一氧化碳在大气中的比例，国家大气质量三级标准为 6 毫克/标准立方米。这次监测结果显示，85.4%的数据超标，最大值超标 8.7 倍。

氮氧化物的比重，国家大气质量三级标准为：0.15 毫克/标准立方米。这次监测结果显示，76.4％的数据超标，最大值超标 8.3 倍。

总烃，即碳氢化合物，是光化学烟雾的重要组成成分。我国尚且没有该项目标准。与美国大气标准 0.16 毫克/标准立方米相对比，这次监测结果显示：所有数据全部超标，最大值超标 56 倍。与各路段污染物超标的严重情况形成巨大反差的是，所有设置在距马路 30 米外的对照监测点的相应项目值，全部在国家大气质量三级标准以内。

在日本东京交通最繁忙地区之一的都厅前地段，一氧化碳年均值为 1.6 毫克/标准立方米，最大值为 3 毫克/标准立方米，只是南京市的 1/14；氮氧化物年均值为 0.098 毫克/标准立方米，最大值是 0.16 毫克/标准立方米，约南京市的 1/8。显然，南京市仅拥有 20 万辆机动车，其主要道路以及干道交叉路口的局部污染，已大大超过拥有 260 万辆机动车，主要干道车流量高达 6000～9987 辆，并且曾发生光化学烟雾污染事件的东京。

战争烟云毒化了空气

战争不仅直接扼杀众多士兵和平民，而且破坏经济成果和文化遗产，至少还毒化空气。

各种杀伤性爆炸所制造的战争烟云，也在间接地伤害着人类。无论是 1914 年 8 月 4 日爆发的第一次世界大战，还是 1939 年 9 月 1 日爆发的第二次世界大战，同样使世界布满了战争烟云。因此，人们把这两个时间分别称为第

海湾战争

147

一个和第二个"黑色日"。不料，1991 年 1 月 17 日，第三个黑色日来到人间——海湾战争爆发，以美国为首的多国部队，对伊拉克军队展开了立体大战。

海湾战争对环境造成了严重的影响，大气首当其冲。

持续两周的海湾战争比连续五年的第二次世界大战对空气的污染还严重。饱含着二氧化硫、一氧化碳、二氧化氮的浓烟、灰尘，铺天盖地而来，侵入人体，形成酸雨，贻害无穷。漂浮在海面上的原油不仅污染了大海，其中的汽油等挥发气体也长期污染着大气。

平静农村的奇特命案

1981 年，我国广东省揭西县一户姓吴的农民家庭走失了一头小猪。吴老头和两个儿子四处寻找，发现小白猪掉进村边厕所的粪池里。小儿子搬来梯子，下到粪池去救猪，但是，过了许久，没有上来。

父亲扒着粪池边张望。只见儿子僵直地立在粪池中。大声喊他，也不回应。上边的父子二人惊慌失措，急忙下池救人。当他俩下去后，同样僵立在粪池里，同样纹丝不动。

此时，一个青年路过，见此情景，便立即下池救人。谁知他到了池中，同样不再动弹。本家一老汉，按照迷信做法，向粪池内掷了一张三脚凳"驱邪"，也下粪池去救人，结果也一样。

等待村人发现，七手八脚把落池者拖上来后，除一人幸免于难外，其余四人，都因抢救无效而死亡。

这一奇特命案发生后，谣言四起。有的说是"三脚蟾蜍"吃掉了四个人；有的说小白猪是"灾星"；甚至，有的更荒谬称曾在这里亲眼见过青面獠牙的魔鬼……

有关部门经调查研究发现，不久前，大量成分复杂的污泥被倒进了粪池里，其中的多种发酵的有机物，产生了大量二氧化碳、一氧化碳、硫化氢和甲烷等气体，使池中氧气极度稀少。几个人都是因为缺氧并吸入一氧化碳、硫化氢等有毒气体而中毒，最后窒息而死。

这件事告诉我们，干净的空气与人的生命关系十分密切。一个人每分钟要呼吸十几次，一次大约要吸入 500 毫升空气。对人来说，新鲜空气比吃饭重要得多。

这件事说明农村的空气污染也很严重。首先，城市的空气污染，会借助风力传播到农村。其次，农村的化肥、农药、农用车辆、焚烧秸秆、沤肥、使用劣质燃煤以及在生产、生活过程中产生的各种粉尘，都在污染着空气。再次，有些乡镇企业随时产生的有害气体，农村的大气环境就更令人担忧。

此事告诉我们一个道理，对农村的空气质量问题绝不能掉以轻心。

工业文明进步的副产品

近代工业革命之后的相当长的一段时间里，人们对环境污染和生态平衡受到破坏一直缺乏应有认识，面对污浊的空气无动于衷，继续蛮干。随着人类社会的进步，人口的增长，工业的发展，有限的空气中气体和固体污染物与日俱增，洁净的部分越来越少。

19 世纪后期，由于国家工业化工业集中和城市人口膨胀等原因，空气污染已有明显迹象。到了 20 世纪中叶，随着工厂的高度集中，汽车大量增加，工业区和城市的空气污染趋向严重，大气污染事件陆续发生。

人类，因此受到了惩罚。

美国宾夕法尼亚州多诺拉镇的居民对烟雾非常熟悉。这个镇约有 12000 人，位于孟农希拉河岸的匹兹堡东南大约 32 千米处。

大气科学家们都记得这个地方在 1948 年 10 月发生的惨剧。

多诺拉是个工业城镇。从远处看，钢铁厂、锌厂和硫酸厂的烟囱，一个挨着一个。长期以来，这些烟囱无休止地用黑烟污染着天空。幸运的是，风常将污染物送入高远的大气层，工厂附近被污染的空气，总会顺风扩散到很远的地方。

年复一年，宾夕法尼亚州西部的居民，已经习惯于终年烟笼雾锁的生活了。

但是，并非一切人都处之泰然。一些老年人常向朋友和儿孙回忆，小时候坐在后门口就可以清清楚楚地看到二三十英里外的山顶。天空是那样碧蓝，空气总是非常清新。谈到现在，就只有叹息了。

这里工厂也多了起来，人们从四面八方向这里聚集。随着大城市匹兹堡和邻近城镇的发展，工厂、住户和办公大楼的烟囱，纵情地喷吐着浓烟，好像从地下冒出来的各式各样的汽车和卡车，拖着一股股蓝烟，得意地跑来跑去。城镇，总弥漫着细雾。于是，空气不仅很快失去了它的洁净，也逐渐失去了透明度。四周田野残存的一点景色，也被蒙上了一层薄雾。

多诺拉地处一个深山谷底部，比周围的地势约低 160 米。1948 年 10 月 26～31 日，逆温覆盖了山谷。

这样，吐入大气的烟尘大量地封闭在山谷内壁和逆温顶部之间。

接近地面的空气非常潮湿，在夜间形成了雾，而且在宾夕法尼亚州西部某些低洼地区终日不散挥之不去。在多诺拉，由于烟和雾的影响，能见度极低，在 1～25 千米。

整个天气的情况类似于伦敦当年那样，后果同样悲惨。

当时，秋凉阵阵，大雾弥漫。除烟囱外，工厂都看不见了。该镇居民处于二氧化硫等有刺激性的污染气体之中，人们的健康受到严重威胁。

短短的几天中，有 6000 多人得病，主要症状是眼、鼻、咽喉及呼吸道疼痛，许多人还伴有咳嗽胸闷、头痛、呕吐等症壮。他们多半是在事件发生的第二天发病，第三天就有 18 人死亡。这些死者几乎都患有慢性心脏病和呼吸器官病症。

通过尸体解剖，医学家发现死者有支气管黏膜受刺激和充血症状。

空气污染"天堂"难免

"上有天堂，下有苏杭"，说的是苏杭两地山清水秀、风景

优美、气候宜人，置身其中，犹如到了天堂。

然而，在苏州市郊，由于一座硫酸厂每天排放 6 吨二氧化硫，四周的农作物和蔬菜连续几年减产，受灾农田达几千亩；工厂为此每年需赔偿农业损失 10 万元以上。

在江浙两省的有些桑蚕生产基地，近年来频繁发生蚕病。蚕茧产量和质量也明显下降。经过研究证明，原来是氟化物污染了桑叶，进而危害了蚕。桑叶可以吸附和吸收空气中的氟，当含量超过允许标准时，桑叶就出现轻度受害症状。

蚕以吃大量桑叶为生，只要吃进一定数量的桑叶，氟在其体内积累超限，就会发生慢性中毒。症状表现为食欲减退，发育不全，生长迟缓，甚至导致死亡。在桑叶含氟量超过一定标准时，只需短期喂食，就可导致桑蚕急性中毒。

浙江传统蚕区桐乡、德清、余杭、海宁等地，近年来砖瓦窑猛增，烧砖时排到大气中的含氟气体也迅速增加，导致蚕桑业遭受相当之大的损失。

空气污染对农业生态造成的威胁非常巨大。当前，这已经成为农业生产发展的极大障碍。

美国洛杉矶发生光化学烟雾期间，郊区的玉米、烟草、蜜橘、葡萄都受到不同程度的危害，其中，葡萄减产三成。美国每年由于大气污染造成的农业损失，至少有 5 亿美元。

空气污染对农业生态的影响在工厂周围表现最为明显。我国南方有一个冶炼厂，因排放过量的二氧化硫，使周围 500 平方千米的地区遭受污染，万亩农田受害，部分农田颗粒无收，附近的果树也大量死亡。

据统计，全国仅磷肥行业排放的氟化物气体，每年就造成直接减产 3.5 亿千克粮食。

工厂排放的许多大气污染物，对于周围生态有严重影响。二氧化硫、氟化物、氯、臭氧等有害气体通过植物叶片上的气孔输入植株体内，造成伤害。包括破坏叶片内的叶绿体，阻碍植物的光合作用、呼吸作用、受精及酶的活性等一系列代谢过程。这种伤害轻则抑制植被的生长发育，降低产量，重则导致植株死亡。曾有一化工厂因事故性氯气泄露，使工厂周边的水稻减产 25％～50％，番茄、冬瓜、菜豆等减产 50％以上。

在工厂周边或城市附近，大气污染造成的生态危害与有害气体的种类、浓度、作用时间有联系，还受作物种类、气象环境、土壤及地形等因素的影响。多种有害气体的混合污染所造成的生态效应也与单一污染物不同，凡对污染物敏感的植物种属，纷纷死亡或发育不良，只有那些耐受性较强的植物种类，才得以生存和繁育。

工厂排入空气中的另一类污染物——颗粒物，对生态同样有重大影响。河南省有一个水泥厂，由于排放大量水泥粉尘，周围 4 万亩果园、蔬菜和作物受灾。当粉尘沉降到叶片上时，首先堵塞叶片的气孔，抑制其呼吸作用；叶片覆盖灰尘，妨碍光合作用，从而减少有机质的合成，抑制植物的生长。若粉尘沉降到植物花的柱头上，还能阻止花粉萌发，直接危害其繁育。

人通过呼吸，既可吸入有用的氧气，也可以吸入污染物；植物也进行呼吸，也能通过气孔吸入有害物质。

我国北方有一个冶炼厂，排放含镉废气，在距离厂址 15 千米处所生产的粮食含镉量严重超标。

在行车频繁的公路两边 90 米以内，植物受汽车含铅尾气的影响，含铅量可高出清洁地区 100 倍。

目前，由于人类把成千上万种化学物质排到空气中，使大气化学组成发生了反应。这种变化反过来又危害人类自身的健康。人体呼吸的空气量很大，从空气中摄入化学物质的速度又非常快，从而空气中非常微小的污染物就能对健康发生极大的影响，导致各种疾病的发生，甚至夺去人的生命。

低浓度空气污染物的长期作用，会引起上呼吸道炎症、慢性支气管炎、支气管哮喘及肺气肿等呼吸道疾病；空气污染已成为肺病、冠心病、动脉硬化、高血压等心血管疾病的重要致病因素；被称为"文明病"的癌症，尤其是肺癌的多发，更与空气污染有密切关系。除此之外，空气污染，会降低人体的免疫力。免疫能力的下降，会导致多种疾病的发生与发展。假如局部环境中某些污染物浓度过高，情节严重甚至可以引起急性中毒与死亡。

在 1873～1973 年这 100 年间，世界上已发生过 19 起重大空气污染事件，直接死亡人数将近 2 万，还有更多的人因此患病。

北极熊成了地沟的老鼠

你可以多次想想象：在远离工厂、没有汽车的地球两端，人迹罕至的南极、北极的空气和水，一定令人神往。大概只有那里，才存在地球上最纯洁的水和空气。

你也许不信，一直被人们认为是世界上最洁净的北极，大气也遭受了污染。

还是在四十多年前，一个与北极毫不相干的，看来有些复杂的问题，摆在了日本某大航空公司的地面维修人员面前，他们莫名其妙：巨型客

北极熊

机有机玻璃窗上居然出现裂痕。并且，玻璃上的裂纹表现为网状，在逆光时发生散射，使人看不清窗外。这使乘客抱怨不已。这不难理解，因为很多乘飞机的人，对饱览窗外风光都怀有极大热情。为此，美国的飞机运营商也感到苦恼。

1980 年美国的圣海伦斯火山爆发以及 1982 年墨西哥的钦乔纳尔火山爆发中喷出的二氧化硫和粉尘，对飞机玻璃造成的损伤，引起了人们的关注。尽管后来人们设法解决了火山喷发导致的不良影响，但飞机玻璃窗的损伤现象并未随之减少。受损害的大型飞机主要是定期飞经北极圈航线的班机。

关于在北极上空发现异常情况的报告，是几年前才提出的。在阿拉斯加和北欧北极圈范围，大气中的污染物浓度急剧上升。

北极的冬天很长，每年在 11 月末落山的太阳，直到第二年的 2 月才重新升起。

但是，即使太阳重新出现，北极的天空仍然笼罩着暗褐色的烟雾。阳光朦胧的天气数量在逐年增加。

通过位于阿拉斯加最北端巴罗海峡的大气观测站的长期监测，美国大气海洋局的修内尔博士如此形容那里的大气环境："从地面上看，就如同是几个燃煤火力发电厂的煤烟集中到一个烟囱里作用似的，浓烟滚滚。如果从飞机上看，就如同冲进了火山喷发的烟雾中一样。"

据说这个关于北极烟雾的报告，最初几乎无人相信。

1984年以来，在北极圈内拥有领土的美国、加拿大、挪威和丹麦四国，进行了联合调查，之后，人们才对北极圈大气污染的全貌逐步有了初步了解。

环

境

科

学

烟雾在北极形成一个宽160千米、厚300米的污染地带，有时在离地面8000米的高空处，也会出现数条这样的污染带。每年2～3月，烟雾更为严重。

北极圈

在2月份，北极圈大气污染最严重的时期，单位立方米空气中含有700微克的煤烟（1微克相当于一百万分之一克）。而东京，在大气污染最严重的时期，最多也不过300微克上下。在这些煤烟中，可以检测到砷、铅、锰、钒等金属元素以及氟利昂和氯仿等有机化合物。

最近，位于挪威本土以北700千米的斯瓦尔巴群岛，挪威大气调查研究所也检测出了北极圈的大气污染。该群岛位于北纬80°，由冰和岩石组成，本来与公害毫不相关。可是，科学家在这里检测出，每立方米大气含有5微克的二氧化硫；对冰雪的分析结果显示，这里硫酸和硝酸的比重已和深受酸雨危害的挪威南部的污染程度接近。

至此人们终于醒悟，飞经北极圈的航班客机玻璃窗的损伤，

正是这样的污染所致。

离北极最近的工厂片区，至少也在数千千米之外。可是，一到冬季，污染物质也就随风飘向北极。问题是，北极冬天差不多不下雪，受到污染的大气得不到清洗而长期滞留在空中，因此形成了浓重的烟雾。

围绕着污染源问题，争论极为激烈。美国宇航局朗格雷研究中心认为，污染源来自前苏联，根据受到污染的大气中所含钒和锰的比例——临近前苏联中部的诺利尔斯克铜镍精炼厂排烟中的比例——但是，单单以此为依据，还不足以进行定量解释。也有许多研究人员认为，这是由包括日本在内的北半球各国的污染物质在北极积累的结果。

生活在冰雪世界中的北极熊，本来是与污染毫无关联的动物。但是，加拿大环境部野生动物研究中心的一位学者沉痛地说："如今，北极熊却像生活在大城市下水道中的老鼠一般，饱受污染。"这位博士从 1981 年开始，在北极圈各地，收集土著居民爱斯基摩人猎获的北极熊的脂肪进行分析。他说："对于分析结果，开始连我自己都不敢相信。"

博士在死去北极熊的脂肪里，检测出了包括氯丹等杀虫剂以及普遍用于变压器的多氯联苯等典型的有机氯化合物。在距离北极点仅有 500 千米处猎获的北极熊，其脂肪中竟然也发现了浓度很高的多氯联苯。

据日本政府有关部门 1985 年度的环境检测，栖息在日本的东京湾的黑尾鸥受多氯联苯污染最严重，它体内的多氯联苯最高浓度，也只有北极熊脂肪中多氯联苯含量的 1/34。

加拿大环境部野生动物研究中心对各地的北极熊受污染程度进行比较研究后表明，栖息在靠近人类居住地的哈得逊湾的北极熊，受到的污染最严重；栖息在靠北冰洋的北极熊，则受污染相对轻微。这可能是因为由北半球排放出的废弃化学物质，随风飘散在海中，又经蒸发回归大气层，最后扩散到北极圈。比较 18 年前在哈得逊湾猎获的和新近猎获的北极熊，其六六六浓度增加了 5 倍，狄氏剂浓度增加了 3.5 倍。为了进一步探知这些污染物质对北极熊产生的影响，该野生动物研究中心还组

织一些病理学家开展了细胞水平的精密检查。

居住在北极的土著居民对这种污染也是在劫难逃。

科学家在居住于加拿大北冰洋附近的爱斯基摩人体内，也发现与北极熊体内相当的多氯联苯和滴滴涕含量。十几年前，在格陵兰岛海岸，有人发现了爱斯基摩人祖先的坟墓，从中发掘出 8 具已经木乃伊化的尸体。最近，格陵兰国立博物馆已开展了有组织的调查，使用放射性同位素判定了其生存年代，确定大约是 500 年前死亡的一家。还分析了他们的体内组织，没有检测出任何有机化学物质，其体内铅等重金属的浓度，也只是现今土著居民的几百分之一。

"淡菜计划"引出的话题

"淡菜计划"是指一项利用"淡菜"来检验污染的体制，从20 世纪 70 年代中期至今，一直以欧美各国为中心进行着。通过对易于蓄积重金属以及其他污染物质的淡菜检测，就能够了解环境污染的严重性。仅美国海岸，就确定了大约 100 个监测点，科学家定期进行分析与研究。

在美国加利福尼亚中部的蒙托莱，自然景色非常美丽的海岸上，淡菜俯拾即是。但是，就在风光旖旎的加州海边上，竖立着警告牌："因有危险，贝类不得食用。"从 20 世纪 70 年代末开始，科学家便对该海岸的淡菜持续不断地进行了检测，发现从 1984 年起，贝类中的铅浓度急剧上升，虽然经多次调查，附近地区并未发现有任何污染源。

在斯德哥尔摩市中心的圣诞公园里，有棵长了 150 年的栎树。瑞典农业大学的研究小组，检测了该树每一年轮中的含铅量，发现含铅量从 1960 年起开始急剧增加。对于格陵兰的大冰山，日本室兰工业大学的室住正世教授等人，从各片冰雪层中根据不同年代分别取样检测，查明了铅含量从 1750 年左右开始，一点一点有所增加，从 1950 年前后起，则直线上升。

上述各种现象的起源，都是汽车尾气中的铅。

蒙托莱海岸的污染，也是由于排放于大气中的铅散落到海

里之后，被贝类富集的结果。室住教授还解析了马里亚纳海沟中的海水含铅量及其随水深的变化状况，发现海沟中的铅含量，不像铜、镉等重金属那样因为沉降水深越深浓度就越高，相反，水深越浅，浓度越高。这就表明，铅从大气中得到补充的速度，大于其沉淀速度。

为了提高汽油的辛烷值，美国从 1923 年起，开始向汽油中添加有机铅。也就在这一年发生了铅工厂 11 名操作人员中毒死亡的事故。此后，在世界各国，同类的中毒死亡事故不计其数。有机铅的毒性就是这般剧烈。在汽车尾气中，即使毒性较弱的无机铅占多数，但这并不能减弱它伤害神经系统的属性。

火山爆发等自然现象向环境散播出的铅，每年有 6000 吨左右；人类在生活以及生产活动中排放出来的铅，则每年超过 200 万吨。同没有产生污染的时代比较，现代人类遭受的铅污染程度，超过那个时代 300 多倍。

比较大气中的铅浓度，喜马拉雅山中为每立方米 1 纳克（十亿分之一克），在刚刚实行汽油无铅化的发达国家或者像纽约之类的大城市，大气中的铅比重超过每立方米 1000 纳克。在日本，汽油的无铅化普及率已达到 97％以上，成功地控制了铅污染问题。19 世纪 70 年代，日本的铅污染问题便突显出来。那年，在东京新宿区一路口，大气中的铅浓度曾高达 1800 纳克。经过整治，现在已降低至 100 纳克。

在众多发展中国家的大城市，由于无铅化汽油几乎没有运用，铅污染程度必定远远超过发达国家，但这方面的数据非常缺乏。根据对泰国进行淡菜评析的结果，在曼谷的昭披耶河口，铅浓度全都超过 200 微克，记录的最高含量为 286 微克。曼谷，也是东南亚区域汽车公害最为严重的城市之一。

发展中国家的污染，是今后世界必须高度重视的一个重大问题。

大气中的铅不但污染了空气，更是污染了水和食物，从而富集到人的体内。除了大气污染之外，铅制的自来水管以及容器，还有陈旧的室内涂料等，都是重要的污染源。

尤其值得一提的是，婴幼儿吸收铅的速度要比成人快 10

倍。美国国家科学院作出的预测说，在每 100 毫升的血液中含有超过 40 微克以上的铅而需要救治的儿童，在美国就有 675 万人之多。

有人警告说，在出现体弱乏力或轻微精神障碍症状的儿童中，很大一部分属于铅中毒患者。

联合国环境规划署为了对比铅的环境污染情况，调查了各国所测血液中的铅浓度。由此项调查获知，日本和美国的成年人血液中铅浓度为 5～10 微克。但是，在比利时这样尚未推行无铅化汽油的发达国家和墨西哥、印度等发展中国家，血液中的铅浓度比这个数字还要高出不少。

雄霸一方的古罗马帝国，是因为什么灭亡的？有的科学家提出令人耳目一新的说法：是因为铅中毒。

这种学说认为，铅制的水管污染了饮用水，铅制的锅以及餐具污染了食物，甚至葡萄酒和果汁中也混入了铅。考古学还为这种观点提出了依据，在分析古罗马人的遗骸时，确实检测出了非常高的铅含量。人类的文明程度虽然有了进步，但是教训却一点也没有吸取。

人类血汗造就的"热岛现象"

工业的发展，社会的进步，产生了大量城市。财富——劳动者的血汗结晶在城市聚集，使城市公路星罗棋布，高楼林立，烟囱密布，车辆汇聚，也吸引越来越多的人口涌入。所以，城市里耗能多，排热多，污染多，气温也就显著高于郊区，空气远远比不上郊区和农村干净。所以，有人形容城市是人间"热岛"。可以说，人类努力地制造了并不适合自己生存的"热岛现象"。

根据世界上 20 多个城市的统计，城区气温平均比郊区高 0.3℃～18℃。其中，北京、南京城区比郊区高 0.7℃，贵阳高 0.4℃～0.5℃，杭州高 0.4℃，夏季则更高。以 1996 年为例子，杭州市内官巷的气温，比处在郊区的杭州大学高 3.2℃，比西湖公园的苏堤高 3.9℃。

"热岛现象"弊病不少。在城区环境中，建筑物密布，路面又不能储水，所以空气相比郊区干燥得多。欧洲一些城市，空气相对湿度比郊区低 4%～6%，我国南京市区同比郊区低 3%，杭州低 6%，贵阳低 4%。干燥，再加上温度高，空气对流就快；周围郊区的冷空气就会聚集。结果，城郊工厂烟尘和从城市扩散的污染物完全汇聚在城区上空，使城区总是处在污染之中。

城市上空持续被污染的空气笼罩，空气中凝结水气的"凝结核"比例非常大；城市温度高，水分蒸发随之加快，"凝结核"又与水气很快凝结成云雾。英国伦敦从 1871 年起，30 年中增加人口 200 万，云雾日随之增加 46% 以上；我国南京市，雾日比郊区多 32%，在冬季竟多达 80% 以上。云雾增多，也使城市晴天减少。匈牙利首都布达佩斯，从 1861 年起，随着城市的不断发展，年平均晴日减少 18 天，增加了 41 个阴天。这毫无疑问会影响人们的工作情绪以及身体健康。

车多，污染也多

1. 大气污染何处来？

美国现在有 3 个亿的汽车保有量，然而我国却只有 7000 多万辆，远远落后于美国，但是我国汽车排放污染物的量却高出国外几倍。国际某权威机构的研究报告指出：在世界 150 座大城市中，中国北京、上海、广州、西安和沈阳五大城市的空气污染排在前 10 名，其中机动车尾气污染是最强的污染源。在这些大城市里，70% 的空气污染物当属汽车的祸害。

1994 年我国向大气中排放的 SO_2 为 1825 万吨，烟尘为 1414 万吨，在全国 600 多个城市中，只有很少几个达到了空气质量（品质，下文同）的 1 级标准，而北京、广州等汽车保有量较多的城市大气的质量只有 IV 级。在世界污染最严重的 20 多个城市之中，中国就占了 10 个。

◆北京市曾在采暖期对 19 条典型街道进行了 82 天的监测，结果发现所有街道大气中的一氧化碳浓度全部超过国家大气环境质量标准，即使那些次要干线和旧街人行道也都早已超标。上海市的情况也相差无几，大多数的典型街道路段中心和人行道的一氧化碳浓度也全部超标。

◆在广州市，近几年来大气中一氧化碳含量每年递增率约为 30％，大致上与广州汽车增长率相同。至于由汽车排放出来的其他有害物质（如氮氧化物等）也均出现了严重的超标状况。

◆在天津市，大气中的铅排放量的 88％是由汽车导致的。

◆深圳市，一氧化氮的浓度从 1991 年至 1998 年的几年时间里竟然增加了 94.6％，其大气环境的质量基本呈现下降态势。

污染这般严重，原因在哪里？

在一些大、中城市，汽车保有量中约有两成是本应淘汰的旧车，还在带"病"工作；其余八成的汽车也绝大多数没有采取什么限制排放污染的净化措施，这就是我国大、中城市中大气污染严重的原因。杭州市环保局 1996 年对机动车检查的结果显示：抽检（路检）5632 辆，合格率才 53.93％。其中出租车因使用频繁，合格率仅为 42.02％；而进口车合格率则为 93.18％。

不过，还有一点令人欣慰的是，中国目前由于汽车造成的污染还主要集中在比较大的城市，比如北京、上海、广州以及一些汽车保有量相对比较多的城市。许多省会城市，汽车保有量远低于上面这些大城市，所以造成的污染情况还不严重。

除汽油机车之外，更有相当一部分柴油机车的尾气污染也很严重。柴油机车与汽油机车比较，虽然它的碳氢化合物（HC）和一氧化碳（CO）浓度都较低，但是其颗粒物（PM）的排放量却是汽油机车的 10 倍以上，科学研究早已表明，这些PM 吸附有数十种有毒物质，对人体有着不可忽视的致癌作用和其他致病作用。

2. 还有哪些污染物？

据 1995 年全国机动车辆监测分析显示：全国机动车排放的CO 和 NO 分别为 2000 万吨和 120 万吨。在城市中，汽车排放的 CO、NO、Pb 对大气污染的分担率分别为 85％、45％、50％、80％～90％。通过科学家测定表明，每千辆汽车每天排

放的 CO 约为 1000 千克，HC 约为 300 千克，NO 约为 60 千克。虽然我国汽车拥有量并不很多，但目前大多数城市的生态环境依然受到汽车排放污染的严重威胁，主要原因是我国的单车排污是发达国家的 20～30 倍，形势严峻。

城市的大气污染

◆1997 年对 16 座城市碳氢化合物（HC）的调查结果显示，其含量均超过国家标准的数倍或数十倍。同济医科大学陈学敏教授警告说："一旦碳氢化合物与氮氧化物等在强烈日光作用下发生光化学反应，再遇上风速低、高温、高湿的闷热天气，就会产生很严重的影响——光化学烟雾。"

◆我国大城市许多路段中心和人行道的空气中一氧化碳（CO）浓度早已超过国家环境质量三级标准（最宽级标准）。其中广州市大气环境中 CO 污染每年递增 30%，与汽车增长率一样；上海市典型街道路段中心 CO 均超标准。

◆1995 年我国汽车尾气中铅的排放总量为 1639 吨，2000 年已达到 2409 吨。在未来几年内，全国机动车尾气排放量将仍呈增加态势。

3. 危害众多的尾气和噪声

以广州市为例，几年来，由于大气环境质量的不断下降导致呼吸系统疾病发病率逐年上升。现在全市肺癌死亡率相比 20 世纪 70 年代上升了一倍多，居癌症死亡率首位。大气污染同时也导致能见度下降，日照时间变短，市区上空灰雾蒙蒙，导致车祸发生率上升。卫星照片已看不清市区的大致轮廓，还曾出现过光化学烟雾的预兆。汽车排气污染已成为大气环境的重要污染源。

虽然噪声是瞬间消失的，相比排放污染的持久危害不一样，但对大量车辆聚集的城市来说，仍然是令人难以忍受的。

汽车的噪声污染包括发动机噪声、轮胎在道路噪声和喇叭噪声。我国轿车、吉普车噪声平均为 82～90 分贝，载货汽车、公共汽车的噪声平均为 89～92 分贝，汽车的喇叭声则高达 105 分贝，特别是汽车启动、制动时发出的噪声比一般行驶时高出 7 倍，远远超过了国家规定的城市环境噪声限制。

厦门市 1992 年、1993 年和 1994 年三年的统计数据表明，交通噪声占市区环境噪声源的 41.7%。据厦门市 16 条城市道路连续 5 年监测资料表明，交通噪声超标率高达 90% 以上。

4. 北京市的汽车尾气污染

北京市空气污染相当严重，造成污染的主要来源是燃煤、机动车排放污染和扬尘。燃煤造成城市大气中二氧化硫（SO_2）与悬浮微粒升高，然而机动车排气污染不但直接影响一氧化碳（CO）、氮氧化物（NO）及碳氢化合物（HC）污染，而且也影响着城市臭气（光化学污染）的污染程度。

据北京环保部门检测，市区大气污染夏季的 67% 和冬季的 30% 是由汽车导致；北京市大气中 HC 的 74%、CO 的 83%、NO 的 43% 来自机动车排放，机动车释放污染有逐步严重的趋势。根据研究部门监测：主要道路人行横道上的 CO 和 NO 两项污染物全部超标。"七五"期间主要交通干道的 CO 为 5.7 毫克/立方米，NOx 为 132 微克/立方米，"八五"期间达 15%，是国家标准 3.1 倍。特别是 NO，随着机动车数量的增加，已成为北京市大气的主要污染物。

造成如此严重的污染，它的原因有哪些？

首先，北京市汽车拥有量大。北京目前拥有汽车 500 多万辆，占了全国汽车保有量的近 1/10，其造成的污染不言自明。并且北京市多年来机动车的增长速度一直保持在 13% 以上。

其次，机动车排放的尾气达不到国家的要求。北京市的机动车保有量虽然比国外大城市的少，但 1999 年以前新车排放的污染物相比国外同类机动车高 3～10 倍。吉普车、小旅行车（微型面包车）、轻型小客车及出租车中的"面的"等由于起步慢、行驶速度低、故障多，尾气超标非常严重。据北京市交管

局和环保局组织的路检检测，吉普车尾气不合格率高达 78%，小旅行车尾气不合格率达 67%，特别是在城区主干道上，道路拥堵时尾气排放量超标相当严重。

出租车为城市交通做出了一定的贡献，但是它造成的污染也是很严重的。北京的出租汽车保有量在全国各城市中最多，有 6 万多辆。一般的私家车一年大概跑两三万千米，而一辆出租车一年要跑 10 万千米，其造成的污染当然很大。据估计，这些出租车的污染大约是私家车的 3～4 倍，它们的排污量占整个北京市众多机动车的污染总量的三四成。

最后，交通状况差。北京市交通拥堵相当严重，汽车频繁地启动、制动，急速时间非常长，排放的污染物比一般行驶要高很多。

英国伦敦烟雾事件

1952 年 2 月，英国伦敦上演了一起震惊世界的烟雾事件。仅仅在 4 天之内，就有 4000 多名伦敦市民非正常死亡。这座城市的烟尘事件，事实上就是煤烟污染空气，造成人们在短时间内吸入大量含毒物的烟雾，引起急性中毒，使体弱者不治身亡。

英国工业城市伦敦，在未整治之前，一天中向空中排放最高达 200 吨煤烟尘。如果市区上空出现逆温层，再加上特大浓雾降低，高度集中的工业区冒出来的大量二氧化硫和飘尘被浓

今日伦敦

雾笼罩，扩散不开，就很可能引起居民急性中毒。伦敦从 1873 年到 1965 年共发生烟雾事件 12 次。美国、德国、比利时等国家也发生过同样的烟雾事件。从此，城市空气污染问题引起了世界各国的警惕和高度关注。

整治空气污染已成为世界各国共同的使命。从 1750 年工业革命以来，大气中的二氧化碳的浓度已经增加了 300% 以上，目前已经达到 150 年来的最高水平。全球二氧化碳的总排放量已增加到 220 亿吨，而且还以每年 0.5% 的速度上升。此外，随着温室效应使全球气温上升，空气中的粉尘、各种污染物和霉菌孢子也相应变多，引发更多的人患上呼吸道疾病以及过敏性疾病。所以，可以毫不夸张地说，人类如果不能面对现实，寻找积极、有效的办法，减少大气污染，必然面临灭顶之灾。

然而，美国资源研究所的专家们提供了较为乐观的预测。他们说，行之有效的环境保护政策，是能够当年就见到一定的效果的，如果限制使用矿物燃料，将会大大降低细微颗粒的排放，会使有关的疾病发病率下降，还能使医疗费用降低三成。西方国家的一些城市走过了从严重空气污染到使污染物得到有效控制，令天清气朗，溪流潺潺，田园碧绿，恢复自然的过程。要达到这个目标，一般情况下两三年即可。

我国已有 28 个城市定期向社会公布空气质量的监测数据。1998 年 2 月，新闻媒体第一次向社会发布北京市区空气质量周报。市区 7 个点位的空气质量级均在 3 级或 4 级。静风时候，有的点位的空气质量甚至恶化到 5 级。北京市环保局"蓝天工程"研究课题组的研究显示：笼罩在北京上空的"黑锅盖"既不是空气质量监测中出现频率最高的煤烟污染物——二氧化硫，也不是汽车尾气污染物——氮氧化物，却是两者在大气物理化学的作用下生成的新污染物——细粒子。此类分布于从地面到800 米高空的细粒子不仅是对阳光有很强消光作用的"灰雾"，并且还是细菌微生物、病毒以及致癌物的载体，非常易沉积于人的肺中，危害身体健康。

这项研究还显示，与污染物扩散有关的气象条件也在发生变化。如果有利于污染物扩散的大风天气减少，而不利于污染物扩散的无风天气增加，两者夹击就会使大气能见度下降，"黑锅盖"大气骤增，尤其是在冬季，4 级污染就会频频出现，有时还会发生 5 级污染，这就接近伦敦"烟雾事件"的污染程度了。公布空气质量级的监测数据是推动治理跨出的第一步。这些数

据正在敦促人们加快防治空气污染的步伐。根据我国环保局统一规定，我国空气质量被划分为5级：1级，空气质量为优；2级，空气质量为良；3级，空气属于轻度污染；4级，空气属于中度污染，这种污染对体弱的人已有显著影响，一般人群会出现眼睛不适、气喘、咳嗽、痰多等症状；5级，属于严重污染，即使是健康的人群在空气受重度污染的情况下，也会出现明显的不适症状，使运动耐力下降，从长期影响看，将导致某些严重疾病的发生。

大气污染源通常被划分为以下三个方面：①矿物燃料；②有毒化学物质扩散；③汽车尾气。虽然从逻辑、角度看，这样划分是不科学的，这三个方面本质都与化学变化有关，但是这个划分很实用，不但有助于我们认识大气污染的来源，而且有助于从这三个方面采取措施，整治大气污染。

这些污染源形成的大气污染主要表现形式包括：①尘埃微小颗粒。因为尘埃颗粒成分的复杂性、来源的多样性和地域性，带给人们的危害也就相应相当复杂，这就需要我们针对不同地区，对空气中尘埃颗粒取样进行分析，采取适当戒备和预防措施；②大气中所含有毒化学物质。其特点是无色、无臭。所以，它们可能在人们不知不觉中伤害人体，其危险性特别值得注意；③综合的污染。弥散在空气中的尘埃颗粒与病菌结合，与辐射物质结合，加以许多有毒化学物质在光的作用下，产生化学变化，就会带给人体更大的伤害。

所有这些污染带给人体的伤害，依据产生作用的时间，可以划分为急性中毒和慢性中毒；根据产生作用的部位的不同及其伤害性质还可以划分为身体局部器官的伤害、全身性伤害和在基因层次上引发突变等伤害。全身性伤害有时表现出急性中毒状态，有时呈现出的是人们难以觉察的慢性中毒，例如汽车尾气散发出的重金属物质，对儿童有可能带来终身伤害。

至于在基因层次上引发变异的过程，人们通常是无法觉察到的，它往往是一个长期、缓慢的积累过程，最初人们是很难感觉到的，因此，缺乏防护知识就会失去警觉，忽视其可能带来的致命的危险。

所以，认识空气污染的来源、表现形式以及它对人体带来的伤害类型，有助于我们警觉和预防来自空气污染的危害。

"空调热"中话健康

夏季暑热难熬。居室中有了空调器，制造出清凉的休息环境，可以静心读书，聆听音乐，香甜地安睡了，但是空调器使用不当也会给居室带来污染。

1976 年 7 月，美国退伍军人协会召开年会之时，突然爆发了流行性肺炎，参加会议的 4000 多人中有 221 人患上这种疾病，其中 34 人死亡。第二年，从死者的身体组织中分析出致病菌，1978 年被正式命名为亲肺军团杆菌，当时爆发的肺炎被称为军团病。这种杆菌是从哪儿来的？为什么会有这么多的人同时被感染？"侦破"工作在严密的审查和推理中进行。"肇事者"终于被发现，它竟然是空调器。这是因为这种病菌主要是通过空气传播的。当这种病菌污染了生活用水，通过空调冷却塔蒸发出的雾气进入空气，或者经过淋浴器的喷头形成雾气进入空气，被人们吸入，就很可能致病。尽管这是一个非常极端的事例，但是，世界卫生组织仍然警告说，随着摩天大楼式的建筑和空调设备的普遍应用，增加了某些疾病的传播机会，这些疾病种类多达几十种，必须引起高度的重视。

此外，空调器使用不当还有可能引起一些不适。夏季使用空调器降低室内温度，如果室内外温差太大，就会使人体产生不良反应，如感冒、疲劳感、头疼、腹疼、神经疼，使风湿病和心脏疾患加重，等等。不良建筑物综合征是普遍的一种不良反应。建筑材料、室内装饰材料、家具等正常情况下都可能散发出某些污染物，人体本身散发出来的生物气体和家用电器包括复印机、计算机等都会产生有害气体。即使这些污染物的浓度通常都大大低于有关标准，但是在这些污染物长期低浓度的综合富集下，就可能诱发不良建筑物综合征。这时空调器使用不当，则会加重或加快室内空气质量恶化。人们为了省电密闭门窗，新鲜空气不能交换，室内二氧化碳浓度增加，人在缺氧

的环境下，会产生疲乏、心悸、气短和记忆力减退等现象。

　　研究人员对在空调环境下作业的脑血流图进行了检测分析。结果显示，长时间在空调环境下有可能对人体脑血管颈内动脉系统产生不良影响，引起作业人员脑血流图超常增多。其异常率大约是五成，且以小于 30 岁的人为主。脑血流图异常意味着长时间在空调环境中，会引起脑血管扩展，供血量增多。这与在空调环境中紧闭门窗有直接关系，因为这时通风不好，新风量不足，造成室内二氧化碳浓度比非空调环境室内的浓度高。二氧化碳对脑血管有选择性扩张危害，主要是颅内血管的扩张。所以，正确使用空调器应该注意通风，引入室外新鲜空气。一些发达国家规定，对空调房间的送风至少应保证 15％ 是室外新鲜空气，不允许室内空气反复循环使用。我国的关于采暖通风与空气调节设计规范中规定，空调房间应该保证"每人每小时得到 30 立方米的新鲜空气"。这些规定是根据人类健康与生存的基本需要规定的，已经成为国内外科学界和工程界的共识。现在，空调器的质量不断得到改善，有的空调器增加了换气装置，被称为保鲜空调；有的增加了负氧离子发生器，有利于改进室内空气的质量。所以，购买空调器要选择高品质的。有的空调器带有空气净化的装置，用过滤网、分子筛、静电集尘等方法过滤和吸附尘埃，继而经过活性炭过滤器去除氮、硫化物和室内的各种异味。不过，这一切并不能使封闭的空间补充氧气，排出废气，并且净化装置使用一段时间以后，效率也就降低，需要经常维护、更换部件。所以，"空气净化"不能替换补充新鲜空气，家庭使用空调时应该注意通风，引入室外新鲜空气。

　　坐轿车享受空调同样需要注意开窗通风。惨痛的教训是不容忘却的。1997 年 1 月 20 日晚，江苏省锡山市 3 名青年人在车库的一辆轿车里休息。车库的卷闸门紧闭着，车内一直开着空调器。等到人们发现他们的时候，其中两人已经死亡，另一人昏迷，送至医院抢救生还，但是却留下了严重的脑部后遗症。谁是肇事凶手呢？调查证明，祸端是轿车内的空调器。开着空调器，发动机必须不停运转，汽油燃烧需要氧气，但是此时卷

闸门却紧闭着，难以补充氧气，燃烧不足也就产生一氧化碳。它进入人的肺泡，迅速被吸收进入血液，与血红蛋白结合成为碳氧血红蛋白，使血红蛋白失去携氧能力，导致组织持续性缺氧，危及生命。一氧化碳中毒症状初时主要有头疼、眩晕、心悸、恶心呕吐、四肢无力，等等。这时候，病人的血液中碳氧血红蛋白占 10%～20%，表现为轻度中毒，中毒时间不长，让他离开中毒现场，呼吸新鲜空气，症状就会消失，恢复健康。如果病人中毒后出现昏迷或虚脱，皮肤和黏膜呈樱桃红色，这时候病人血液中碳氧血红蛋白达 30%～40%，为中度中毒，如果及时抢救，也能够逐渐苏醒过来。更甚，如果病人血液中碳氧血红蛋白达到 50%以上，就是重度中毒，也就很难治愈了。因此说，轿车虽然是很好的交通工具，空调器虽然能改善生活条件，但使用不当甚至会可能带来生命危险。记住教训，注意通风，不在车内留宿，不在密闭的车库内睡觉，则完全能够避免危险。

环

境

科

学

第六章　地质气象灾害与环境问题

地质灾害与环境

　　地质灾害是指在自然以及人为因素的作用下形成的，对人类生命财产、环境造成破坏与损失的地质作用（现象）。比如崩塌、滑坡、泥石流、地裂缝、地面沉降、地面塌陷、岩爆、坑道突水、突泥、突瓦斯、煤层自燃、黄土湿陷、岩土膨胀、砂土液化，土地冻融、水土流失、土地沙漠化和沼泽化、土壤盐碱化，以及地震、火山、地热害等。

　　1. 主要类型

　　滑坡：是指斜坡上的岩体因为某种原因在重力的作用下随着一定的软弱面或软弱带整体向下滑动的迹象。

　　崩塌：是指较陡的斜坡上的岩土体在重力的作用下突然脱离母体崩落、滚动堆积在坡脚的地质现象。

　　泥石流：是山区独有的一种自然现象。它是因为降水而形成的一种带大量泥沙、石块等固体物质条件的特殊洪流。识别：中游沟身长不对称，参差不齐；沟槽中构成跌水；形成多级阶地等。

　　地面塌陷：是指地表岩、土体在自然或者人为因素作用下向下陷落，并在地面形成塌陷坑的自然景观。

　　2. 地质灾害的危害

　　我国地质灾害种类多、分布广、活动频、危害重，是世界上地质灾害最为严重的国家之一。每年因崩塌、滑坡和泥石流等地质灾害死亡人数，占各类自然灾害死亡人数的 25%。近年来，平均每年有 1000 多人因地质灾害而死亡，经济损失高达

200多亿元。崩塌、滑坡和泥石流的分布范围约占国土面积的44.8%。

3. 地质灾害发生后应该采取哪些应急措施？

不同的地质灾害情况，应采取不同的应变措施。对于崩塌、滑坡的情况，有关方面应马上视险情将人员物资尽快撤离危险区。当崩塌、滑坡由

泥石流

加速度变形阶段进入临滑阶段时，崩滑灾害在所难免，不是人力在短时间内可以抵抗的，此时，应及时将情况上报当地政府部门，由政府部门组织将险区内居民、财产及时撤离险区，确保人民生命财产安全。继而，为争取抢险、救灾时间，延缓崩塌、滑坡发生大规模破坏，检测技术人员应立即分析资料，及时制止致灾动力破坏作用。如因采矿而导致的崩塌，应立即停止采矿活动；如因开挖坡脚而诱发的滑坡，应立即停止开挖活动；如因渠道漏水而诱发的滑坡，应立即停止对渠道进行放水。除此之外，事先有预兆者，应尽早制订好撤离计划。崩塌、滑坡灾害在大规模崩、滑前，往往事先有预兆，在这种情况下，当地政府部门应尽早制订好险区人民疏散、撤离计划，以防造成混乱而发生不必要的人员伤亡事故。

发生泥石流时，专家强调要及时做好"五应"：第一，当处

滑坡

于泥石流区时，应立刻向泥石流沟两侧跑离，切记不许顺沟向上或向下跑动。当处于非泥石流区时，就应该立即报告该泥石流沟下游可能波及（影响）到的村、乡、镇、县或工矿企业单位。第二，有关政府部门应马上组织有政府、单位（村、乡、镇）、专家及当地群众参加的抢险救灾活动。第三，拟订并实施应急措施（或计划）。比如：酌情制止车辆和行人通行；组织危险区群众迅速撤离等。第四，密切关注该泥石流灾害可能导致某种生命线工程（如水库、铁路、公路等）的次生灾害甚至第三次灾害。如火灾、洪水、中断交通、爆炸、房屋倒塌等。第五，建立观测站进行长期动态监测，掌控灾情的变化发展趋势，并作出决断。

应对地面塌陷的紧急措施除了根据险情将人、物及时撤离险区外，还要在塌陷发生后对临近建筑物的塌陷坑及时填补，避免影响建筑物的稳定。其方法是投入片石，上铺砂卵石，再上铺砂，表面用黏土夯实，经过一段时间

地面塌陷

的积淀压密后用黏土夯实补平。同时，对建筑物附近的地面裂缝应及时堵塞，地面的塌陷坑应阻拦地表水防止其注入。最后，对严重开裂的建筑物应暂时封闭禁止使用，待进行危房鉴定后才确定应采取的措施。

可怕的地震

地震是地球内部介质部分发生急剧的断裂，产生震波，因而在部分范围内引起地面振动的现象。地震就是地球表层的快速振动，在古代又称为地动。它就像海啸、龙卷风、冰冻灾害一样，是地球上频繁发生的一种自然灾害。大地振动是地震最直观、最普遍的表现。在海底或滨海地区发生的强烈地震，能引起巨大的波浪，称为海啸。地震是极其正常的，全球每年发生地震约 550 万次。

地球可分为三层：中心层是地核；中间是地幔；外层是地壳。地震一般发生在地壳之中。地壳内部在不断地变化，因此而产生力的作用，使地壳岩层变形、断裂、错动，于是便发生地震。超级地震指的是指震波极其强烈的大地震。但其发生占总地震 7%～21%，破坏程度是原子弹的好几倍，因此超级地震影响相当广泛，也是非常具破坏力的。

地震波发源的地方，叫做震源。震源在地面上的垂直投影，地面上离震源最近的一点称为震中。它是接受振动最早的部位。震中到震源的深度叫做震源深度。通常将震源深度小于 70 千米的叫浅源地震，深度在 70～300 千米的叫中源地震，深度超过 300 千米的叫深源地震。对于同等大小的地震，因为震源深度不一样，对地面造成的破坏程度也不一样。震源越浅，破坏越大，但波及范围也越小，反之一样。

破坏性地震一般是浅源地震。如 1976 年的唐山地震的震源深度为 12 千米。

破坏性地震的地面振动最烈处称为极震区，极震区常常也就是震中所在的地区。

某地与震中的距离叫震中距。震中距不足 100 千米的地震称为地方震，在 100～1000 千米之间的地震称为近震，超过 1000 千米的地震称为远震，其中，震中距越远的地方受到的影响和破坏越小。

地震所引起的地面振动是一种复杂的运动，它是由纵波和横波一起作用的结果。在震中区，纵波使地面上下颠动，横波使地面水平晃动。由于纵波传播速度较快，衰减也较快，横波传播速度较慢，衰减也较慢，所以离震中较远的地方，往往感觉不到上下跳动，但能感到水平晃动。

当某地发生一个较大的地震时，在一定时间内，往往会发生一系列的地震，其中最大的一个地震叫做主震，主震之前发

生的地震叫前震，主震之后发生的地震叫余震。

地震具有一定的时空分布规律。

从时间上看，地震有活跃期以及平静期交替出现的周期性现象。

从空间上看，地震的分布呈一定的带状，称地震带，多数集中在环太平洋和地中海—喜马拉雅两大地震带。太平洋地震带差不多集中了全世界80％以上的浅源地震（0～70千米），全部的中源（70～300千米）以及深源地震，所释放的地震能量大概占全部能量的八成。

地震后情景

地面沉降不能掉以轻心

地面沉降又称为地面下沉或者地陷。它是在人类工程经济活动影响下，由于地下松散地层固结压缩，导致地壳表面标高降低的一种局部的下降运动（或工程地质现象）。

地面沉降的地质原因主要包括：

1. 地震造成地面沉降。

2. 地表松散地层或半松散地层等在重力作用下，在松散层变成致密的、坚硬或半坚硬岩层时，地面会因地层厚度的变小而导致沉降。

3. 因地质构造作用致使地面凹陷而发生沉降。

4. 地面沉降的人为原因。

地面沉降现象与人类活动密切相关。特别是近几十年来，人类过度开采石油、天然气、固体矿产、地下水等直接造成了今天全球范围内的地面沉降。在我国，由于各大中城市都处于巨大的人口压力之下，地下水的过度抽取更为严重，造成大部分城市出现地面沉降，在沿海地区还导致了海水入侵。

地面沉降造成了地表建筑和地下设施的毁损。据统计，我国每年因地面沉降导致的经济损失达 1 亿元人民币以上。值得庆幸的是，我国已开始重视这个问题，控制人口增长、合理开采地下水等一系列政策的出台促使我国很多地区的地面沉降现象已经或即将得到控制。

5. 地下水漏斗

地下水漏斗是一个肉眼看不见的硕大无比的漏斗。在许多城市以及工矿区，地面自来水不够用，于是打井抽取地下水。随着人口的增长与生产的发展，采取地下水的量越来越大，而地下水的自然补充和恢复却跟不上，这样入不敷出，天长地久也就形成一个地下水面，以城市和工矿区为中心，中间深，四周浅的大漏斗。早年井水离地面不过两三米的地方，而今井深 60 米也不见水了。更严重的是，超量开采地下水，还导致地面沉降，建筑物开裂、倾斜，影响安全。

地下水漏斗的主要形成原因是地下水开采量大于补给量。地下水漏斗的持续存在与扩展，会使含水层水量枯竭，造成地面沉降或塌陷，导致泉流消失，还会导致地下水水质恶化。有计划、有控制地开采地下水，是防止地下水漏斗形成和扩展的重要措施。

泥石流

在山区由于暴雨、冰雪强烈消融以及冰湖溃决，使山谷中积存的松散岩土体向下游开阔地倾泻的一种突发性洪流，又称山洪泥流。泥石流中固体物质的体积含量一般超过 15%，最多可达七八成，是碎屑和水组成的高容重两相混合流体。泥石流具有爆发突然，历时短暂，冲击力大等特性，常常直接危害着工农业生产以及人们的生活。

1. 形成泥石流的条件

泥石流的形成必须同时具备以下三个条件：陡峻的便于集

水、集物的地形、地貌；具备丰富的松散物质；短时间内有大量的水源。

（1）地形地貌条件：在地形上具备山高沟深，地形陡峻，沟床纵度降大，流域形状便于水流汇集的条件。在地貌上，泥石流的地貌通常情况下可分为形成区、流通区和堆积区三部分。上游形成区的地形多为三面环山，一面出口的瓢状或漏斗状，地形比较开阔，周围山高坡陡，山体破碎，植被生长不良，这般的地形有利于水和碎屑物质的聚集；中游流通区的地形多为狭窄陡深的峡谷，谷床纵坡降大，使泥石流能迅猛流下；下游堆积区的地形为开阔平坦的山前平原或河谷阶地，使堆积物有聚集场所。

（2）松散物质来源条件：泥石流常发生于地质构造烦琐，断裂褶皱发育，新构造活动强烈，地震烈度较高的地带。地表岩石破碎，崩塌、错落、滑坡等不良地质现象发育，为泥石流的生成提供了丰富的固体物质来源；另外，岩层结构松散、软弱、易于风化、节理发育，或软硬相间成层的地区，由于易受破坏，也能为泥石流提供丰富的碎屑物来源；一些人类工程活动，比如滥伐森林造成水土流失，开山采矿、采石弃渣等，常常也为泥石流提供大量的物质来源。

（3）水源条件：水不仅是泥石流的重要组成部分，也是泥石流的激发条件和搬运介质（动力来源），泥石流的水源，有暴雨、冰雪融水和水库溃决水体等形式。我国泥石流的水源主要是暴雨、长时间的连续降雨等。

2. 泥石流的分类

（1）根据泥石流形成的诱发原因，一般分为冰川型泥石流、暴雨型泥石流、融雪型泥石流、暴雨—融雪型泥石流、地震型泥石流、火山喷发型泥石流等。

（2）根据泥石流的物质结构与流态特性，又可分为紊流性泥石流（稀性泥石流）和层流性泥石流（黏性泥石流）。前者一般由水与沙、碎石和砾石所组成，黏土成分少，水起搬运介质作用，固体物质含量与容重比后者少而低；后者水与固体物质混为一个整体，做等速流动，大石块在泥浆中呈悬浮状态。

（3）从地貌形态上，泥石流又可分为河谷型泥石流以及山坡型泥石流。

（4）根据泥石流汇水面积的大小，为大型泥石流（大于10千平方米）、中型泥石流（1～10千平方米）、小型泥石流（小于1千平方米）。

3. 泥石流的危害性

（1）对公路、铁路的危害

泥石流会直接淹没车站、铁路、公路，捣毁路基、桥梁等设施，导致交通中断，还可引起正在运行的火车、汽车倾覆，造成重大的人身伤亡事故。平时泥石流汇入河流，导致河道大幅度变迁，间接毁坏公路、铁路及其他建筑物，甚至迫使道路改线，导致巨大经济损失。

（2）对居民点的危害

泥石流中最常出现的危害之一是冲进乡村、城镇，毁坏房屋、工厂、企事业单位及其他场所、设施。淹没人畜，破坏土地，甚至出现村毁人亡的灾难。

（3）对水利、水电工程的危害

主要指冲毁水电站、引水渠道以及过沟桥梁、水坝等建筑物，淤埋水电站排水渠，淤积水库、磨蚀坝面等。

（4）对矿山的危害

主要指摧毁矿山及其设施，淤埋矿山坑道，伤害矿山人员，导致停工停产，严重也致使矿山报废。

4. 勘测与防治

首先应全面地对地形地貌、地质构造、地层岩性和水文气象（集水面积、补给来源及动态）进行区域性研究，搜集过去泥石流发生的区域及遭受破坏的程度以及曾采用的防治措施、效果等资料。分析研究可能发生新泥石流的通道长度以及宽度，泥石流进入河谷中所产生的动能与体积，并编制泥石流地段的平面图。泥石流防治有以下几种措施：

（1）封山育林，以保护汇水区以及可能形成泥石流的地带；

（2）调节地表径流，沿坡修建导流堤；

（3）设置截挡建筑物，如堤、坝等，也可设置排洪道。

海水入侵现象

海水入侵是海水通过透水层（包括弱透水层）渗入水位较低的陆地含淡水层。正常情况下，陆地含淡水层的水位相比海水水位高，但通过长期大量抽取陆地含淡水层，可使其地下水位低于海水水位，使海水（咸水）通过透水层渗入陆地含淡水层中，因而破坏地下水资源。中国秦皇岛市因为大量抽取地下淡水，导致海水沿沙层大规模入侵，许多地区地下水已咸化；荷兰滨海城市阿姆斯特丹，多年来依靠抽取滨海沙丘中的淡水，使下伏咸水不断上升，近几十年来开始引用莱茵河水每年人工补给沙丘淡水 6000 万吨，抑止了海水入侵。可在供水井与海水之间打一排井，利用抽水造成水位低槽，或用注水方法形成水力屏障；在有利地质条件下，也可建造地下防水堤，这些方法，都可以起到防止海水入侵的效果。

海水入侵现象出现后，不但深层土壤矿化度升高，同时，随着地下水的使用，海水中的可溶盐类还会被带至土壤表层，导致整个地表盐碱化。土壤中的少量盐类对植物生长是有益的，但如果土壤中含盐量过高，则相反会抑制植物的生长，甚至产生死亡。此外，过量的盐分还会导致土壤板结，影响土壤中有机质的分解与转化。土壤盐碱化的直接后果就是植被衰败和农作物减产，最终使整片土壤退化。除土壤盐碱化外，海水入侵本身就破坏了地下水的水质，可利用的地下淡水资源就会越来越少。

大海的怒吼——海啸

海啸指具有强大破坏力的海浪。当地震在海底发生，由于震波的动力而引起海水剧烈的起伏，形成强大的波浪，向前推进，将沿海地带一一淹没的灾害，叫做海啸。海啸主要可分为两种：

1. "下降型"海啸

某些构造地震引发海底地壳大范围的急剧下降，海水首先

向突然错动下陷的空间积涌，然后在其上方出现海水大规模积聚，当涌进的海水在海底遇到阻力后，即翻回海面产生压缩波，形成长波大浪，并向周围传播与扩散，这种下降型的海底地壳运动导致的海啸在海岸首先表现为

海　啸

不正常的退潮现象。1960年智利地震海啸就属于这种类型。

2. "隆起型"海啸

某些构造地震引起海底地壳大片区的急剧上升，海水也随着隆起区而抬升，并在隆起区域上方发生大规模的海水积聚，在重力作用下，海水要保持一个等势面来达到相对平衡，继而海水从波源区向四周扩散，形成汹涌巨浪。这种隆起型的海底地壳运动形成的海啸波在海岸首先出现异常的涨潮现象。1983年5月26日，日本海7.7级地震引发的海啸属于此种类型。

洪涝灾害

自古以来，洪涝灾害常常是困扰人类社会发展的自然灾害。我国有文字记载的第一页就是关于劳动人民与洪水斗争的光辉画卷——大禹治水。时至今日，洪涝依旧是对人类影响最大的灾害。我国长江连年洪灾给中下游地区带来非常大的损失，严重损害了社会经济的健康发展。所以，研究洪涝灾害的成因、类型、特点和防治对策相当重要。

1. 洪涝的成因

洪涝灾害具有双重属性，不但有自然属性，还有社会经济属性。它的形成必须具备两方面条件：①自然条件。洪水是导致洪水灾害的根本原因。当洪水自然变异强度达到一定标准，

就会出现灾害。影响因素主要有地理位置、气候条件和地形地势。②社会经济条件。当洪水发生在有人类活动的地方才会成灾。受洪水威胁最大的地区常常是江河中下游地区，因为中下游地区其水源丰富、土地平坦又经常是经济发达地区。

2. 洪涝的类型

洪涝大致可分为河流洪水、湖泊洪水以及风暴洪水等。其中河流洪水依照原因不同，又大致可分为以下几种类型：暴雨洪水、山洪、融雪洪水、冰凌洪水以及溃坝洪水。影响最大、最常见的洪涝是河流洪水，特别是流域内长时间暴雨造成河流水位居高不下而引起堤坝决口，对地区发展损害最大，甚至会导致大量人口死亡。

3. 洪涝的特点

从洪涝灾害的发生特征来看，洪涝具有显著的季节性、区域性和可重复性。如我国长江中下游地区的洪涝几乎全部都出现在夏季，并且原因也大致上相同，而在黄河流域却有不同的特点。

洪涝灾害

同时，洪涝灾害具有很大的破坏性以及普遍性。洪涝灾害不仅对社会有害，而且能够严重危害相邻流域，造成水系变迁。并且，在不同地区均有可能出现洪涝灾害，包括山区、滨海、河流入海口、河流中下游以及冰川周边地区等。

虽然如此，洪涝仍具有可防御性。人类不可能将洪水灾害彻底根治，但经过各种努力，能够尽可能地减少灾害的影响。

4. 洪涝的防治

洪涝灾害的防治工作包括两个方面：一方面减少洪涝灾害发生的可能性，另一方面则尽可能使已发生的洪涝灾害的损失

降到最低。

加强堤防建设、河道整治和水库工程建设是防止洪涝灾害的直接措施，长期持久地推行水土保持可以从根本上减小发生洪涝的机会。

扎实做好洪水、天气的科学预报以及滞洪区的合理规划能减轻洪涝灾害的损失。建立防汛抢险的应急体系，是减轻灾害损失的最后措施。

旱灾

1. 概述

干旱，一般是由长时间的干燥气候，或者长时间的缺乏降水造成的，当其在某一地区长时间存在时，这一区域将会形成沙漠。在有的地方，干旱是一年中有规律出现的气候，年复一年地重复出现。当它和雨季交替发生时，雨季的降水会被储存起来，用它来渡过干旱的时期，古代或现代的地中海人民，他们分别用地下的岩石切割成的水槽，和钢筋混凝土搭建的水塔，来收集雨季的降水，用以熬过漫长而干燥的夏天。

如果在气候适宜的地区，降水量长期小于正常水平，这个地区就可能出现季节性干旱。干旱发生时，植物不能获得充足的水分，因此不能以此补充散失到空气中的水分。假如湿度较低，但尚未引起明显的干旱，不能满足植物生长的需求，那么就造成了这样的环境，人们一般称之为"隐性干旱"。植物的大量死亡，必然导致了以此为基础的食物链发生断裂。如果干旱比较严重，那么大批死亡的动物，也会导致残存的珍贵水源遭受污染。

2. 干旱的区域分布特征

采用降水量距平百分率作为指标讨论对农业有意义的生长季节的干旱，并采用我国300多个气象台站的降水资料，根据一定的标准统计了1951～1990年干旱发生的情况。从资料中可以看出，40年中我国大部分地区发生的干旱次数有10～30次，其中黄河中下游、海河流域、淮北地区以及广东东部和福建南

部沿海有 35～40 次，差不多平均每年有一次程度不一的干旱出现。我国大致可分为 4 个显著的干旱中心：华北平原至黄土高原一带；南岭至武夷山一带；东北西部；云南中北部和川南一带。倘若将位于西北的，以新疆、甘肃为中心的长年少雨干旱的地区考虑进去，我国就有 5 个干旱中心。

3. 干旱的季节分布特征

干旱发生不但在地区上有所不同，在发生的季节上也不相同。

黄淮海流域干旱区：这是我国发生干旱面积最大、频率最高的地区。在 3～10 月的农作物生长期内都有可能发生，其中春旱发生频次为最高，有"十年九春旱"之说。如 1951～1980 年的 30 年内就有 26 年发生了不同程度的春旱。大多数春旱年之前的冬季少雨（雪），一般自秋季就少雨，如 1999 年。有些春旱可持续到 6、7 月份，出现春夏连旱，对农业产生影响更为深远，如 1962 年、1972 年、1997 年等。少数年份如 1965 年甚至春夏秋三季连旱，对农业生产影响更为严重。夏旱的频次比春旱低，但多与春旱或秋旱连接，如 1957 年、1974 年等，对农业生产影响也相对大。

长江中下游干旱区：这是我国东部干旱频次比较低的一个地区，干旱次数不但低于北部的黄淮海流域，而且也低于其南部的华南、西南地区。这里春旱频次不高，夏旱则比较频繁出现。1951～1980 年 30 年中有 25 年出现过不同程度的夏旱。夏旱通常都是梅雨结束后受副热带高压控制，导致连晴高温天气的结果。因此通常又称"伏旱"。单纯的伏旱一般影响不很严重，只有旱情持续到 9、10 月或 11 月，也就是出现夏秋连旱时危害才比较严重。如 1959 年干旱从 7 月持续到 9 月。本区单一出现的秋旱范围较小，影响也比较轻微。

华南和西南干旱区：这两个地区一年四季都有农作物生长，干旱频次也相对更高。但与前三个区区别的是以冬、春两季干旱为主，尤其是冬春连旱影响比较大。其中，华南地区夏秋多台风降水，所以，干旱多在秋末、冬季到初春期间出现。如 1954 年 9 月～1955 年 4 月，1998 年 11 月～1999 年 4 月，华南

部分地区发生持续秋冬春三季连旱，对工农业及生活用水等影响非常大。西南地区冬春发生连旱时也可持续 4～5 个月，甚至也发生秋冬春三季的连旱。比如 1959 年 11 月～1960 年 5 月共持续了 7 个月。

4. 干旱的阶段性

由于降水的周期波动，更引起干旱发生的阶段性变化。从 1950～1999 年资料绘制的全国干旱受灾面积变化图看出，近 50 年来，我国受旱面积有明显的三个低值期，即 1950～1957 年、1963～1970 年、1982～1984 年，每年受旱面积通常在 2000 万公顷以下。另外还有三个高值期，即 1958～1962 年、1971～1981 年 1985～1999 年，每年受旱面积通常在 2000 公顷以上。近 50 年来的几个严重干旱年大多发生在这三个高值阶段，如 1959、1960、1961、1972、1978、1986、1988 年等，这些严重干旱年的受旱面积均超过 3000 万公顷。

从近 50 年来全国数百个气象台站年降水量的平均值变化曲线图，可以看出这种受旱面积所体现的阶段性变化，即 1951～1957 年、1983～1984 年、1990～1999 年为比较多雨阶段；1958～1972 年、1976～1982 年、1986～1989 年为相对少雨期。至于 1990～1999 年为相对的丰水期，而受旱面积也表现为相对的高值期。这是因为在这一阶段经济的飞速发展，工农业用水量的急剧增加，加上年内降水量在季节以及地区上的分配不均外，还可能与这一阶段开垦宜农荒地面积增加，抗灾能力弱，比较容易受干旱影响等有联系。

威力无比的台风

台风是指在热带洋面上达到一定强度后的气旋。它的中心风力一般大于或等于 12 级。台风是一种非常具备破坏力的天气系统，它常常会给海上的船只带来狂风巨浪，而登陆时又会给陆上带来狂风、暴雨等恶劣天气，因此人们要特别防范。

1. 台风的形成

热带海面受太阳直射从而使海水温度升高，海水蒸发成水汽升空，然而周围的较冷空气流入补充，继而再上升，如此循环，终必使整个气流不断扩大而形成"风"。因为海面的广阔，气流循环不断加大，直径甚至有数千米。由于地球由西向东高速自转，致使气流柱和地球表面产生磨擦，因为越接近赤道磨擦力越强，于是就引导气流柱逆时针旋转（南半球是顺时针旋转），又由于地球

台　风

自转的速度快，气流柱跟不上地球自转的速度而形成感觉上的西行，这也就形成我们现在说的台风以及台风路径。台风的中心就在我们目前看到的风向成"丁"字形的位置，从风向和风速就不难判断出台风中心的距离以及走向了。根据我国40年观测台风来临前的行云方向，判断台风是否从本地经过，大致上全部准确，有好多次竟先于本地的预报。当近地面最大风速达到或超过17.2米/秒时，我们就称之为台风。

从台风结构看到，这么巨大的庞然大物，其产生必须具备特有的条件。

（1）要有广阔的高温、高湿的大气。热带洋面上的底层大气的温度和湿度主要取决于海面水温，台风只能生成于海温高于26℃～27℃的暖洋面上，而且在60米深度内的海水水温都要高于26℃～27℃。

（2）要有低层大气向中心辐合、高层向外扩散的初始运动。而且高层辐散一定要超过低层辐合，才能维持足够的上升气流，低层扰动才能不断加强。

（3）垂直方向风速不能相差太大，上下层空气相对运动很小，才能使初始扰动中水汽凝结所排放的潜热能集中保存在台风眼区的空气柱中，形成并加强台风暖中心结构。

（4）要有足够大的地转偏向力作用，地球自转作用促进气旋性涡旋的生成。地转偏向力在赤道附近接近于零，向南北两极增大，台风基本发生在大概离赤道 5 个纬度以上的洋面上。

2. 台风的路径

台风移动的方向以及速度由作用于台风的动力来决定。动力分内力和外力两种。内力指台风范围内由于南北纬度差距所导致的地转偏向力差异引起的向北和向西的合力，台风范围越大，风速越强，内力越大。外力指台风外围环境流场对台风涡旋的作用力，即北半球副热带高压南侧基本气流东风带的引导力。内力大多在台风初生成时起作用，外力则指操纵台风移动的主导作用力，所以台风大致上自东向西移动。因为副高的形状、位置、强度变化和其他的因素影响，台风移动路径不是规律一致而是变得多种多样的。以北太平洋西部地区台风移动路径为例，其移动路径大致有三条：

（1）西进型台风从菲律宾以东一直向西移动，经过南海最后在中国海南岛或越南北部区域登陆，这种路线一般发生在 10～11 月。

（2）登陆型：台风向西北方向移动，穿越台湾海峡，在中国广东、福建、浙江沿海登陆，逐渐减弱为热带低压。这类台风对中国的影响巨大。

（3）抛物线型：台风先向西北方向移动，当接近中国东部沿海地区时，不登陆而转向东北，向日本附近转去，路线呈抛物线形状，这种路径一般发生在 5～6 月和 9～11 月。最终大部分变为温带气旋。

台风形成后，一般情况下会移出源地并经过发展、成熟、减弱和消亡的演变过程。一个发展成熟的台风，气旋半径通常为 500～1000 千米，高度为 15～20 千米，台风由外围区、最大风速区以及台风眼三部分组成。外围区的风速从外向内增加，有螺旋状云带和阵性降水；最强烈的降水在最大风速区产生，平均宽 8～19 千米，它和台风眼之间有环形云墙；台风眼位于台风中心区，呈圆形或椭圆形，直径为 10～70 千米不等，平均约 45 千米。台风眼区的风速、气压均为最低，天气显现为无

风、少云和干暖。随着台风的加强，台风眼会渐渐缩小、变圆。而弱台风和发展初期的台风，在卫星云图上一般无台风眼（但是有时会出现低空台风眼）。

3. 台风的等级

在热带洋面上生成发展的低气压系统叫做热带气旋。国际上用其中心附近的最大风力来确定强度然后进行分类：

（1）较强台风

超强台风（Super TY）：底层中心附近最大平均风速超过51.0米/秒，即风力16级或以上。

强台风（STY）：底层中心附近最大平均风速41.5～50.9米/秒，即风力14～15级。

台风（TY）：底层中心附近最大平均风速是32.7～41.4米/秒，即风力12～13级。

（2）弱台风

强热带风暴（STS）：底层中心附近最大平均风速24.5～32.6米/秒，也就是风力10～11级。

热带风暴（TS）：底层中心附近最大平均风速为17.2～24.4米/秒，即风力8～9级。

热带低压（TD）：底层中心附近最大平均风速为10.8～17.1米/秒，也就是风力为6～7级。

4. 台风警报标准

根据编号热带气旋的力度和登陆时间、危害程度，分为：

消息：远离或还未影响到预报责任区且未来48小时内将影响责任区时，依据需要可发布"消息"，报道编号热带气旋的情况，警报解除时也可用"消息"的办法。

警报：预计未来48小时内（强）热带风暴或台风将袭击或者严重影响预报责任区时发布警报；（强）热带风暴或台风正在严重影响预报责任区时也必须发布警报。

紧急警报：预计未来24小时内（强）热带风暴或台风将登陆或靠近我国沿海时发布紧急警报。

台风在危害人类的同时，也是在保护人类。台风能够给人类送来淡水资源，大大缓解了全球水荒。一次直径不算太大的

台风，登陆时可能带来30亿吨降水。除此之外，台风还使世界各地冷热保持一定程度上均衡。赤道地区气候炎热，若不是台风驱散这些热量，热带则会更热，寒带则会更冷，温带亦会从地球上消失。总而言之，台风太大太多不行，没有也不行。

台风即将来临

环 境 科 学

附录　放射性污染及防治

近几十年来随着核工业的发展，核武器的试验、放射性药剂和辐射源设备的开发应用、核研究单位的放射性研究以及辐射的消费品（如：电视机、夜光表等）进入人类生活，这些人工辐射源造成的放射性物质通过空气、生活用水，以及复杂的食物链等多种途径进入人体，或者通过外照射方式对人类健康造成危害。人工辐射所造成的危害，叫做放射性污染。

放射性污染源

环境中的放射性来自天然和人工辐射。天然辐射来源于地球外层空间的宇宙射线和地球天然存在的放射性核素辐射。从外层空间首先进入地球大气上层的宇宙射线，大多是质子、α 粒子等混杂的高能粒子流，叫做初级宇宙射线。在初级宇宙射线穿透大气的过程中和大气物质相互作用，产生的混杂、能量较低的次级粒子和电磁波，叫做次级宇宙射线。在距地面 15 千米以下的大气中，初级宇宙射线大多数都转变为次级宇宙射线。地球上的天然放射性核素包括两类：一类大多是由初级宇宙射线与大气某些物质相互作用产生的放射性核素，如：初级宇宙射线的中子（In）与高层大气的氮（^{14}N）相互作用产生具有放射性的碳（^{14}C）；另一类是地球形成时自身拥有的放射性核素。其中，中等质量的核素（如：^{40}K）通过一级衰变就成为稳定核素的产物。而原子序数超过 83 的重核素，必须通过由多级衰变组成的放射性衰变系列才可以形成稳定核素的产物。天然重核素一般分属于 ^{238}U、^{232}Th 和 ^{235}U 三个放射性衰变系列。这些系列中伴随着许多半衰期不同的放射性的物质产生及 α、β、γ 射线放出。天然放射性核素散布于地球各圈之中。由其和宇宙射线形成的地球上环境的辐射水平叫做天然辐射本底，又称天然本底。人体受到的天然本底主要是本底在体外的外照射，其次是吸入体内和体内原来就存在的天然放射性核素的内照射。对于大多地区来说，天然本底通过外照射每年给予人的平均剂量，大约为 1.1×10^{-3} 希（Sv）。天然本底作为人工辐射源是可否造成环境污染的重要基准。下面主要讨论人工放射性污染的来源：

1. 原子能发电造成的放射性污染

近几十年来，随着能源危机的加剧，原子能的利用很受重视，尤其是核电的发展非常迅速。1990 年统计显示，世界上有 31 个国家和地区已建成 426 座和正在建造 96 座，共计 522 座核电站，核电量相当于世界发电总量的 10%；1995 年，核电相当于世界总发电量的 18%；到 21 世纪，预计有 58 个国家和地区建造核电站，总数将达 1000 座，装机容量将达 8 亿千瓦，相当于世界总发电量的 35%左右。仅日本就有 50 多座核电站。

原子能发电所用的核燃料是铀（^{235}U）。原子能工业的中心问题是核燃料的产生、使用和回收。这种循环分为：铀矿的开采、冶炼、净化和转化等；^{235}U 的加浓、燃料的制备和加工；燃料的燃烧、废燃料运输、废燃料的后处理和回收；废物的贮存和处理。在核燃料循环的各个阶段都会生成"三废"，给周围环境带来一定程度的污染。

放射性废气在核电站中主要有空气活化产生的氩（^{41}Ar），核燃料棒破损时放出的氪（^{85}Kr）、氙（^{135}Xe）、碘（^{135}I）等裂变气体和核燃料破损时放出的锶（^{90}Sr）、铯（^{137}Cs）两等裂变物质微粒。这些废气通过两类形式排出：厂房通风气体；工艺废气。厂房设备污染，使其通风气体具有放射性，它的气体量较大，但放射性较低。工艺气体是直接与放射性液面接触后的污染气体，因此具有高浓度的放射性元素。虽然对它们进行过一定的处理，但它对环境会造成一定污染。在核燃料循环的其他阶段也会有一定量的放射性废气。

放射性废水在核电站中主要是回路系统设备取样后的废水、泄漏水、设备去污水、换料水池更换的废水、冲流水和设备冷

却泄漏水等带有放射性的废水。这些废水包括两种："堆性废水"，也称工艺废水；"非堆性废水"。"堆性废水"含硼（^{10}B），其放射性很高并且含有氘（^{2}H）；"非堆性废水"中不含硼、氘等元素，放射性比较低。在核燃料循环的其他阶段会造成大量的放射性废水。

放射性固体废物在核燃料循环中可分为三类：

（1）放射性固体废物——废矿石和尾矿

铀矿品位较低，目前采矿中铀含量通常在1‰左右，因此在铀矿的开采、选矿和加工过程中，废矿石和矿石的数量很大。美国某一露天铀矿，每开采1吨铀矿石，废矿石和废石量可达3吨。一般情况下，在铀矿石的加工过程中，尾矿量与原矿石近似相等。同废矿石相比，尾矿放射性比较大，它保留着原矿石70%～80%的放射性。

（2）核燃料循环过程中放射性污染的固体废物

由废弃的离子交换树脂、过滤材料、保温材料、包装材料、劳保用品、设备、仪表、管道和工具等组成。所呈现的放射性，根据循环过程中的不同情况而定。

（3）放射性固化体

它们绝大多数来源于反应堆相应放射性废物处理的过程，特别是废燃料元件后处理的过程。放射性固化体指把浓缩的放射性废液，以及经焚烧或压缩而减少后的放射性固体废物，引入到惰性的固体基材中，弄成适于临时贮存和最终处理的固化物。反应堆取出的废燃料元件含有许多的裂变产物，约有200多种放射性核素，主要是^{238}U、^{90}Sr、^{137}Cs、^{99}Tc、^{103}Ru、^{114}Ce等。在废元件处理过程中，其中一部分进入固体废物，成为其放射性污染的主要来源。另外，活化产物是后处理过程中组成放射性固体废物的重要成分。

值得一提的是，原子能发电造成的放射性废物的量非常大，一个规模为100万千瓦的原子能发电站，启动一天就排出约3000克以上的"放射性核分裂生成物"（放射性废物，"死亡之灰"）。世界上原子能电站，包括计划中的，假如全部启动，使用的核燃料贮存量每年将高达2万吨以上，发生的核分裂生成

物数量也将超过 500 万吨以上。这实际上约等于广岛型原子弹核分裂生成物的 68 万倍以上。由此可见，这么多的核分裂生成物万一发生爆炸事故，后果将不堪设想。大家也许记得 1986 年前苏联切尔诺贝里原子能发电村的 4 座 100 万千瓦级的标准原子炉发电厂的第四炉发生爆炸的事故，放出的核分裂生成物等于 100 枚广岛原子弹数量。而且，这些核分裂生成物随着气流，遍布欧洲全境。一周之后，甚至袭击了 8000 千米之远的日本。

2. 核实验造成的放射性污染

在大气层进行核试验的情况下，核弹爆炸的同时，由炽热蒸汽和气体形成火球（即蘑菇云）夹杂着弹壳、碎片、地面物和放射性烟云而上升，随着与空间的气体混合，辐射热逐渐损失，温度开始降低，气态物凝聚成微粒或附着在其他的尘粒上，沉降到地面。这种沉降下来的微粒含有放射性颗粒，生成对大气、地面、海洋、动植物和人体的污染，而且这种污染，除了对爆炸区附近的环境污染外，还会污染全球环境。这些放射性物质主要是铀、钚的裂变产物，其中危害比较大的包括 ^{90}Sr、^{137}Cs、^{131}I 和 ^{14}C。

现在，核试验依然是全球性污染的主要来源。统计显示，自 1945 年战后的美苏核开发的竞争中，包括英、法等国的核试验也在反复进行，目前为止，所进行的核试验的总数约 1800 次。尽管世界舆论抑制了核试验，但核大国无视"一揽子核试验禁止条约"，依然不时进行核试验。其他国家不甘落后，也在发展核武器。1998 年 6 月，印度和巴基斯坦边疆进行了对抗性核试验，让人触目惊心。这些核试验生成的大量放射性物质，在地球上大规模扩散，给人类造成极大危害。

3. 核战争造成的放射性污染

美国 1945 年首次使用核武器，给日本广岛和长崎的市民遭成很大的伤害。时过多年，其危害仍不可以完全消除。现阶段，核战争的威胁依然存在。目前世界上的核武器的总爆炸威力，换算成 TNT 火药炸弹为 15000 兆吨以上。这等于第二次世界大战所使用的 TNT 炸弹总爆炸威力的 3000 倍以上。这种爆炸威力等于世界上每一个人怀中抱着大约 3 吨以上 TNT 炸弹的威力。

一旦发生核爆炸，因为这时产生巨大的能量，爆炸内部的温度将达 1000 万℃，气压达 100 万个大气压以上。这种能量约有 50% 形成暴风和冲击波，30% 成为热线，20% 成为放射线，足以灭绝人类。根据"核之冬"理论，核战争万一发生，猛烈的火灾和暴风，可使大量的烟雾和沙土飘向上空，从而遮住了太阳光线，即使白天地球也将暗无天日，为此，地球的温度将剧烈下降，只用数小时就达 0℃ 以下，两天之后达到零下 23℃，40 天以后有些地方将超过零下 40℃，地球全部冻结，化成冰冻行星。地球要恢复原来的气温最少需要一年以上时间。"核之冬"过后，飘向地球大气上层的烟雾和尘土会产生温室效应，将喜马拉雅山脉、落基山脉等山顶上的万年冰雪和冰河溶解，南北极的冰川也相继融化，导致地球上洪水泛滥。在"核之冬"的异常气象下，暴风狂吹，降雨带激变，沙漠增加，臭氧层破坏，宇宙射线降临，"死亡之灰"飘扬，持续几十亿年的温和地球环境破坏殆尽，地球生物消失。这种给地球整体的毁灭性破坏的全面核战争，人类绝不希望来临。而局部性的核战争，给整个人类带来的放射性危害也是无法计算的。

4. 医疗照射引起的放射性污染

近年来，辐射在医学上的普遍应用，让医用射线源成为大多地区主要的人工污染源。医用射线相当于所有射线总量的 30%。

辐射在医学上主要运用于对癌症的诊断和治疗方面。在诊断检查过程中，各个患者所受的局部剂量有较大差别，大约比通过天然源所受的年平均剂量高 50 倍；而在辐射治疗时，个人所受剂量往往又比诊断时高出数千倍，而一般常是在几周内集中施加在人体的某一部分。

诊断与治疗的辐射大部分为外照射，但目前也增加了使用放射性药物的放射学方法，这样将产生了内照射的另一来源。近年来，因为人们逐渐认识到医疗照射的潜在危险，所以把更多的注意力放在既能满足诊断放射学的要求，又使患者所受的幅射量最小，甚至免受辐射的方法上，这方面的工作获得了很大的进展。

5. 其他放射性污染源

大部分居民还将受到各种电离辐射源的危害，这些辐射大致分为两类：

（1）医疗、工业、军工、核舰艇以及核研究所的放射源，因为使用、运输事故、遗失、偷窃、误用和废物处理等失去控制而对居民产生大剂量照射或环境污染。

（2）一般居民消费用品，包含有天然或人工放射性核素的产品，如：放射性发光表盘、夜光表和彩色电视机造成的照射，对环境产生的污染即使很低，但长时间积累所导致的危害也不可小视。

放射性污染造成的危害

放射性物质对人体的危害大多是由核辐射引起。辐射对人体的危害包括躯体效应和遗传效应两类，还包括随机性与非随机性两类效应：

1. 躯体效应与遗传效应

躯体效应指辐射所致的出现在受照者本人身上的损害。如：辐射致癌、放射病等。根据损害发生的早晚，可分为急性和晚发效应两种。

急性效应是一次或在短期内接受大剂量辐射照射时所造成的损害。这种效应只发生在重大的核事故、核爆炸时距爆心投影点较近并且没有屏障和违章操作大型辐射源等特殊情况下。研究显示，受到 1400 拉德（1 拉德＝10^{-2}焦/千克）幅射的危害，1 日内死亡；受到 1000 拉德幅射的危害，在两周以内死亡；受到 200 拉德～600 拉德幅射的危害，在几周以内死亡。这些放射能危害，叫做"急性放射线死亡"。在 200 拉德以下的幅射危害速死情况保持不变，但脱发、内脏障碍、血压下降、白血球减少、白内障等众多急性放射性障碍会发生。

晚发效应受辐射照射后通过数月、数年，甚至更长时期才出现损害。急性放射病恢复后一段时间，小剂量长期辐射照射线允许低于水平剂量的长期辐照，都可能造成脱发效应。对日本广岛、长崎二战原子弹爆炸幸存者的调查表明，在幸存者中白血病发病率显著高于没有受此辐照的居民。最高发病率在1951年，比日本的平均发生率高10倍以上。因为幸存者中在1947年前不能肯定有白血病病例和在1951年以后发生率逐渐恢复到受辐照前水平的情况，所以认为从受辐照到生成白血病之间最少有3年左右的潜伏期。另一个例子就是原苏联在1950～1960年在楚科奇米岛进行的大气圈核试验。当时放出的放射性物质，之后慢慢落在地下，当驯鹿吃过被污染的草后，再被当地居民吃掉，引起食道癌，他们的死亡率是世界上最高的。肝癌的世界平均水平也在10倍以上。

遗传效应指出现在受照者后代身上出现的辐射损害效应。它主要是因为被辐照者体内生殖细胞受到辐射损伤，导致基因突变或染色体畸变，这种变化可以传染后代而造成某种程度异常的子孙或致死性疾患。一个典型的例子就是前苏联在1986年发生的切尔诺贝里原子能发电厂爆炸事故，附近的居民除受到躯体效应外，不久以后因为遗传因子障碍，许多家畜出现众多畸形动物，没有眼睛或肋骨的小牛，或没有头或四肢的小牛，或背上生出两只脚的小牛，或天目和头盖骨变形的小猪等。这种遗传因子障碍，对人类也一样。

2. 随机性效应与非随机性效应

在这一辐射危害的分类方法中，辐射危害发生率与用量大小有关，严重情况与剂量无关，也许不存在剂量阈值的生物效应叫做随机性效应。它包括致癌等某些躯体作用和辐射防护中涉及用量范围内的遗传效应。而非随机性效应指辐射伤害的严重程度随剂量变化，存在着剂量阈值的生物效应。如：眼晶体混浊、皮肤良性损伤、造血障碍、心肌退化、生育力损害等躯体效应就包含于非随机性效应。

放射性污染物处理

1. 放射性废气的处理

（1）铀矿开采过程中所产生废气的应变措施

193

铀矿开采过程中所产生的灰尘、废气一般可通过优化操作条件和通风系统得到解决。

（2）实验室废气的处理

在进行化学、金相和生物实践的核研究实验室中含有放射性排气和颗粒物产生，要在装有收集废气的手套箱或热室内进行，在送入此类装置中的进气经过玻璃纤维过滤器

核废料

以去除颗粒和粉尘，除掉 99.95% 直径为 0.3 微米的粉尘，经高效过滤后的废气再行排出。

（3）原子能发电站厂房产生的废气处理

厂房通风气体平时采用高效过滤器和活性炭过滤器等通过两次过滤吸附后，即可达到无害水平而从高烟囱排入大气中。工艺气体将"短寿"与"长寿"气体分开处理。先用废气缓冲罐加压把这些废气集合起来，在衰变箱内衰变 $60\sim100$ 天，使 99% 以上的"短寿"废气衰变得相差无几，再用吸附器把放射性元素吸附下来，把纯净的尾气排放到大气中。将吸附的"长寿"氪、氙等气体压入钢瓶，成为特殊固体废物放置特殊地域加以贮存。有的高温废气经工艺处理后，可产生氢，用于工业生产。

放射性废气除常使用过滤方法处理外，还可采用惯力收尘器、静电除尘器及高效除尘器等废气净化设备加以综合处理。

2. 放射性废液的处理

将放射性废液收集到废水池内进行反应，然后进行凝聚沉淀、离子交换、过滤和蒸发，然后浓缩、固化、贮藏，处理后的水可多次使用。有些含放射性物质含量较低的废水，经过滤、离子交换净化后，可稀释排放到江、河、湖、海中去。但处理后的水质放射性浓度指标都有明确规定，国外压水堆电站标准值为 $10^{-10}\sim10^{-9}$ 居里/升（1 居里 $=3.7\times10^{10}$ 贝可）。

废液的处理方法还可利用生物处理法，即通过微生物来浓集某种放射性核素的方法；以及电渗析法、氧化法、泡沫分离法等。

3. 放射性固体废物的处理

放射性固体废物可采用埋藏、燃烧、再熔化等方法进行处理。如果是可燃性固体废物就多用燃烧法。如果是金属固体废物就先去污或再熔化法处理。

（1）埋藏法

场地的筛选应尽量减少对环境的污染，并且应该置于经常的监控之下。该地区长时期内不允许有居民进入，并禁止放牧。沟槽内埋藏的固体废物，应回填 1 米以上的覆土。如果是处理放射性废液，应在埋藏前加以固化。固化方法有以下几种：

水泥固化是将放射性废物掺进水泥中制成混凝土块（有时可添加蛭石）以牢固地吸附放射性核素的方法。此法工艺简便，相对经济实惠。

沥青固化将放射性废物均匀地包含在沥青中，熔化沥青的温度在 170℃ 左右，混进的盐分差不多占重量的 40%，制成的沥青产物具有不透水性、耐腐蚀。此法可以运用于处理每升含 10 居里以下的放射性废液。

玻璃固化就是将高水平的放射性废液与硼砂、磷酸盐、硅土等玻璃原料进行混合，并在 1000℃ 以上的温度下熔化，通过冷却退火处理后也就转化成含有大量裂变生成物的稳定玻璃体。这个方法最终产品具有体积小、浸出率低、耐辐照等优点，是处理高水平的放射性废液的一种安全保障的方法。

（2）煅烧

通过燃烧可使可燃性固体废物体积减少到原来的 1/10～1/15，有时甚至缩小得更多，煅烧法对放射性有机体的处理更为占有优势。高温煅烧法可将高水平放射性废液生成稳定的金属氧化物，以便于贮存或埋藏。

（3）再熔化

受放射性污染的设施、器材、仪器等钢铁金属制品，可选用适当的洗涤剂、络合剂或其他溶液擦洗去除污渍，以减少需

要处理的废物体积，用喷涂法可以消除大部件的表面沾染。必要时可在感应炉中熔化，使放射性元素固结在熔渣内，避免对环境的影响。

4. 放射性废物处理的新方法

当今世界各国对固体放射性废物一般作密封深埋处理，但仍会污染环境，对人体造成伤害，这就迫使科学家积极研制和开发新的方法。近几年已有几种值得关注的新方法。

（1）中子轰击法

美国布鲁海文国立实验室和洛斯阿拉莫斯国立实验室，于20世纪90年代初提出了用不同粒子加速器的方法处理核废物。阿尔贡国立实验室正在研究一种称为"积分式快中子反应堆"的处理办法，这种新型反应堆不仅能消耗掉有害核废料，还能生产钚燃料，并且可以把铀的利用率提高100倍。洛斯阿拉莫斯国立实验室还在试验一种新方法，就是用一台特制的核废料处理加速器释放出的质子猛烈撞击铅靶，使之向周围喷射中子，有些中子击中核废料中的有害原子核，使原子核处于不稳定状态或分裂为安全物质。

（2）综合化学法

美国布鲁海文国立实验室正在研制一种化学分离法。该室设计了一套命名为"凤凰"系统的设备，可以从核废物中分离出钚来。对其他副产品如：^{90}Sr、^{13}Cs、^{99}Tc 和 ^{129}I 等放射性物质，也可以进行不同处理。当 ^{129}I 放在密集的中子束中被低能中子轰击时，也就能蜕变为 ^{130}I。这套"凤凰"系统甚至可以把一个中子束射到2500吨核废物上，而产生出85万千瓦的核电能来。

（3）深洞库存法

英国能源部门最近研究确定，计划在其西北部的设菲尔德市核电厂附近一片岩石地带钻掘24座750米深的核废料贮存处。核物质相当容易随着地底的上升而返回地表，因此，以往的地下埋藏法仍未彻底解决问题。但是，英国选择的这个地方恰巧是几乎不含地下水的岩石带，其地质条件非常适宜长期存放核废物。英国的这项工程1995年动工，到2005年完成。完

工后，核电厂的核废物被装入特制的集装箱，通过火车运输进入储存洞封存，一切操作过程全部使用机器人。

危险废物

我们所说的"危险废物"不是一般的从公共安全角度说的危险品。但它又不能排除有毒、有害的成分。在英国、美国、中国台湾等国家和地区，称为有害废物。

危险废物具有毒害性、爆炸性、易燃性、腐蚀性、化学反应性、传染性、放射性等一种或多种的危害特性，并以其特有的性质对环境产生污染。严格地讲，危险固体废物不是单独成为一类，它是另一种分类方式，是依据对人的危害与不危害的程度来分类的，但由于它的伤害程度大，要有特殊的处理，因此，我们所称的危险废物具有特殊的定义，它指列入国家危险废物名录或者根据国家规定的危险废物鉴别标准和鉴别方法认定的具有危险特性的废物。

危险废物是用名录来调控的，凡列入国家的危险废物名录的废物种类都是危险废物，要有特殊防治手段和管理办法。

虽然没有列入国家的危险废物名录的废物，但是根据国家规定的危险废物鉴别标准，比如：该废物中某有害、有毒成分含量标准和鉴别方法判定的具有危险特性，如含有剧毒成分、剧腐蚀性的废物也属于危险废物。

危险废物的形态不局限于固态，也包括液态的。如废酸、废碱、废油等。工业固体废物中大多数属于危险废物，城市垃圾中除医院临床废品外，废电池、废日光灯、某些日用化工产品等都属于危险废物。

危险废物污染环境，处理不当，会严重威胁人民的生命安全。国内外都曾发生这类案件。例如：20 世纪 70 年代后期，美国发生了一起震惊世界的公害事件，即"拉福运河案"。它的根本原因是一家化学公司从 20 世纪 40 年代起，用铁桶盛装农药固体废物，埋入拉福运河废河谷。1953 年又在河谷之上覆土兴建了住宅、学校和运动场。几年后，居民中常常发现新生儿畸

形、孕妇流产，各种疾病的发病率和死亡率都相当高。1978年，当地政府组织进行环境监测，发现该地大气、地下水、土壤中的六六六、氯苯、三氯苯酚等82种化学污染物严重超标。美国政府不得不发布一条联邦紧急法令，该地区居民全部搬迁，关闭学校。我国也发生过类似事件。20世纪60年代末，锦州铁合金厂的铬渣厂周围的井水变成绿色，居民出现鼻黏膜溃烂，一个建在汞渣填埋地的车间里九成以上的职工患有肝炎。

危险废物处理

我国在长期的固体废物污染环境防治工作中，一直关注对危险废物污染的预防和治理，始终将其作为整个固体废物污染防治的重点，实行着严格管理和控制的要求和措施，并且制定了一些相应的法律规定。如在《水污染防治法》中有不少规定：禁止向水体排放油类、酸液、碱液或含毒废液；禁止在水体清洗贮存过油类或有毒污染物的车辆和容器；禁止将含有汞、砷、铬、镉、铅、氰化物、黄磷等的可溶性剧毒废渣向水体排放、倾倒或者直接埋入地下；存放可溶性剧毒废渣的场所，必须采取防水、防渗漏、防流失的措施。在《防治陆源污染物污染损害海洋环境管理条例》中规定：禁止露天堆放含剧毒、放射性、易溶解和易挥发性物质的废弃物；不是露天堆放上述废弃物，也不允许作为最终处置方式等。

根据危险废物的特性，对危险废物的处理，不能是随意的、毫无约束的，更不能进行简易、一般性的处置，而必须达到相关的标准。例如：含多氯联苯电力装置，多氯联苯废液和受多氯联苯污染的

垃圾填埋场

物质，应进行集中封存管理，必须经法定程序由环境保护部门批准并受其监督。又如：对暂时不能利用的含铬废渣，必须进行无害化处理或采取防雨、防渗、防流失、防飞扬的有控堆放贮存措施。尾矿贮存设备必须有防止尾矿流失和尾矿尘飞扬的方法。贮存含危险废物的尾矿，其尾矿库必须采取防渗漏措施。

处置危险废物主要有三种办法：

1. 分散处置

分散处置即由产生危险废物的单位自行处理。

2. 集中处置

集中处置也就是由专业性的或区域性的集中处置设施予以处理。

3. 集中处置与分散处置相结合

危险废物根据它的危险特性的不同，分为不同的种类，如：毒害性、爆炸性、易燃性、腐蚀性、传染性、化学易反应性等。

因此，针对不同种类的危险物，必须根据其特性，实施适合其特性的污染防治要求，采取不同的污染防治办法。